建筑用集成吊顶
应用指南和案例精选

中国建筑装饰装修材料协会天花吊顶材料分会　编著

中国建材工业出版社

图书在版编目(CIP)数据

建筑用集成吊顶应用指南和案例精选 / 中国建筑装饰装修材料协会天花吊顶材料分会编著. —北京：中国建材工业出版社，2013.1

ISBN 978-7-5160-0338-1

Ⅰ.①建… Ⅱ.①中… Ⅰ.①顶棚-室内装修-工程施工-指南 Ⅳ.①TU767-60

中国版本图书馆CIP数据核字（2012）第274223号

内容简介

本书共分七章，介绍了集成吊顶的概念，建筑用集成吊顶产品，建筑用集成吊顶产品的质量评价和检验方法，集成吊顶的施工安装技术，集成吊顶工程，集成吊顶的推广应用以及集成吊顶产品应用的案例精选。

读者对象：建设主管部门、开发建设单位及装饰装修公司的设计、施工、验收人员，吊顶生产企业和吊顶配套企业的有关人员，广大消费者等。

建筑用集成吊顶应用指南和案例精选

中国建筑装饰装修材料协会天花吊顶材料分会 **编著**

出版发行：中国建材工业出版社

地　　址：北京市西城区车公庄大街6号

邮　　编：100044

经　　销：全国各地新华书店

印　　刷：北京航天伟业印刷有限公司

开　　本：710mm × 1000mm　1/16

印　　张：6

字　　数：120千字

版　　次：2013年1月第1版

印　　次：2013年1月第1次

定　　价：40.00元

本社网址：www.jccbs.com.cn

本书如出现印装质量问题，由我社发行部负责调换。联系电话：(010)88386906

编委会

序 Sequence

20世纪80年代末90年代初，欧美整体橱柜的引入，给传统的中国厨房带来了一场巨大而深刻的变革，宽敞明亮的多功能厨房使中国传统厨房模式得到质的改变，曾经仅仅用来做饭的厨房，开始融入了客厅以及其他家居娱乐活动。

21世纪初，浙江友邦集成吊顶股份有限公司新研发的集成吊顶产品面世，这种集集成化、人性化、智能化、美观化、绿色环保于一体的吊顶产品，再一次给中国厨房带来质的改观。LED照明可加大对视力的保护，通风系统可让室内更清新健康，多样化的风格可与家居主题更恰当的融合，并增加了音乐、视频等娱乐功能……这些功能进一步从本质上改变了厨房环境，大大推进了厨房成为家庭中心的步伐。令我们自豪的是，这种产品不再依赖从欧洲、美国、日本引进，产品从研发、设计到生产、组装，整个过程完全都是中国创造。

经过8年的发展，集成吊顶从最初的平面模块化组合，经过照明系统、通风系统、取暖系统的不断更新，再到有层次的吊顶出现，已经走出厨卫间，进入客厅、卧室、书房、过厅、阳台等全部家居空间；同时，它还从家装走向机场、体育场馆、办公楼、酒店、地铁等工装领域，这个朝阳产业正在充分地显示出及其广泛的应用前景。

当然，正像所有的新生事物都有一个逐渐被认识和接受的过程一样，由传统吊顶向集成吊顶模式的转变，同样也需要被人们慢慢认识。目前，集成吊顶的社会被关注度还不高，不仅很多设计师和消费者不接受甚至不知道集成吊顶，即使知道集成吊顶的消费者也常常误解它只是顶部装饰材料的一种改变，并不了解这种产品会在家居环境和功能上带来质的改观。

《建筑用集成吊顶应用指南和案例精选》的编撰出版，在集成吊顶产品的推广方面起到了非常重要的作用，其作用主要表现在三个方面：

首先是普及性，这本书详细介绍了集成吊顶产品的构成以及发展情况，作为一本正式出版的书籍，新华书店、建筑书店以及各大设计院等与行业相关的部门，都会成为这本书的流通渠道，通过这本书，设计师和消费者可以很清楚地了解集成吊顶产品的构成、功能以及种种优势。其次是实用性，这本书具有非常详细的设计安装步骤和内容，对于设计师以及安装人员具有明确清晰的指导作用。最后是审美性，书中最后的案例部分，一幅幅漂亮的效果图，无论是扣板与相邻顶面、墙壁衔接的缝隙的处理，还是色彩、图案、层次以及功能模块的设计与布局，都表现得非常完美，给读者带来高雅的视觉享受，唤起人们追求居家美的强烈愿望。

普及的力量是巨大的，无论是在这场从城市向乡村蔓延的家装吊顶革命中，还是在走向更广阔的工装领域的道路上，集成吊顶的普及都有其重要意义。这本书的编撰出版，不仅宣传并详尽解释了集成吊顶产品的各种功能以及设计安装的方法，而且向人们呈现出一个更具人性化和亲和力的家居氛围以及这种产品的远大前景。相信这本书的面世将使设计师和消费者大受裨益，它将会使更多的人接受这场家装吊顶的革命，从更专业的角度来考虑自己的家，是否到了应该换上这种更健康更舒适更美观的集成吊顶的时候了。

2012年11月8日

致辞 Speech

集成吊顶发明问世至今不足十年，在短短的时间里，其市场需求迅速膨胀，行业规模不断扩大，日益成为消费者吊顶装修的首选，已成为家装领域不可忽视的方向，市场前景十分宽广。

在不断的技术进步和创新发展中，集成吊顶逐渐从最初简单单一的厨卫吊顶发展到到阳台、客卧、餐厅、过道等其他多元化的家居吊顶，并进一步向商业装修、公共建筑装修领域拓展。如“友邦”于2010年开发的阳台系列产品，把直风干衣模块融人集成吊顶产品，将集成吊顶的应用领域拓展至阳台；将铝蜂窝赛勒板应用于酒店、办公大楼等等。

持续创新推动着行业的进步，业内每一款创新产品的推出，都向人们展示出一种全新的集成吊顶应用空间，在美化人们家居生活的同时，提升着现代家居品味。集成吊顶的精髓即在于它的“模块化、自组式”，《建筑用集成吊顶应用指南和案例精选》的编辑出版，汲取了集成吊顶精髓，打开了一扇与众不同的门，引导人们发现集成吊顶应用的无限可能性，是值得全行业为之振奋的盛事。本书应用技术讲解详尽，所选取的案例代表性强、形式多样化，是业内人士和普通业主的上佳读物。

2012年，房地产调控、全球经济动荡，中国集成吊顶行业发展受到一定程度的制约。但房地产市场的刚性需求依然存在，国家对精装房和保障性住房的投人有增无减，集成吊顶作为朝阳产业真正进人了快速成长期，优势企业当抓住契机谋取更大的发展。本书匠心独运地选取集成吊顶应用技术为主题进行系统梳理，不仅契合当下市场需求，亦为行业企业的发展提供了全新的思路。

最后谨祝：协会工作顺利、行业兴旺发展。

2012年11月9日

中国建材工业出版社
China Building Materials Press

Contents 目录

第1章　概　　述

1.1　中国传统吊顶

（1）传统吊顶发展简介

“吊顶”，俗称“天花”或“扣板”，即室内顶棚，是传统建筑中顶棚上的一种装饰。中国传统民居中的天花板大多以草席、苇席、木板等为主要材料，汉代称为“承尘”，唐宋时代，顶上采用帐幔，后演化成小木天花。天花的功用主要是保温、承尘，也起到了遮盖不雅屋架的功效，力求取得富丽堂皇的艺术效果。

在当代中国早期住房中，天花板只是刷一层石灰。随着人们对生活品质的不断追求，天花板在家庭装修中开始被关注。在现代房屋的室内结构中，天花板可以起到遮掩梁柱、管线、隔热、隔声等作用，同时，其装饰功能也逐渐被重视。

目前，传统的吊顶板已经从第一代石膏板、矿棉板，经过第二代PVC板，发展到了第三代金属吊顶板，以及少量的玻璃等材质的吊顶板。

（2）传统吊顶的弊端

①防水石膏板和吸声矿棉板，板型单一，不易擦洗。

②PVC扣板具有抗氧化性差，不防火，燃烧时释放有毒气体，易变形、变色等缺点；玻璃等材质的天花，有的虽可阻燃，但其耐高温性能不佳，受热容易变形和变色，安全性能差。

③虽然金属吊顶板型多样，线条流畅，颜色和图案丰富，外观效果良好，并具有防火、防潮、节能、环保、易安装、易清洗等优点，广泛被设计师和客户采用，并被市场认可，但是，其需要与各种功能电器（取暖和换气等）分开采购，安装后显得凌乱，装饰效果不强，售后服务分散，给用户带来极大不便。

④传统吊顶中的电器、热、电集中在一起，容易导致电线、电子部件老化，缩短产品使用寿命，并造成安全隐患。

⑤传统吊顶中的灯暖型浴霸，虽然集合了多种功能，但每一种功能都不能

发挥最佳作用。换气效果、照明效果差，易爆炸，方式单一是其常见的弊端；取暖过于集中，取暖范围窄，不均匀，效果差，且产生大量含有蓝光等有害物质的光源，对眼睛造成极大伤害，特别是4岁以下的婴幼儿，长期注视将会导致终生失明。

⑥传统吊顶中的照明灯（面包灯或吸顶灯）往外突出，非常不协调，没有整体感和美感。

⑦传统吊顶维修或改进非常不方便，需要大面积拆除且不可回收，风格呆板、不美观。

1.2 集成吊顶

（1）集成吊顶发展简介

2004年，浙江友邦集成吊顶股份有限公司时沈祥先生发明了集成吊顶。这是一种节能环保型建筑材料，它在传统吊顶的基础上，采用规格统一的吊顶模块和功能模块（取暖、换气、照明和音响等）以及构配件进行组合，根据用户需求自主设计，形成多功能一体化组合型产品，完美解决了吊顶装修存在的诸多弊端。相对传统吊顶而言，它既实现了照明、换气、取暖的功能优化，又实现了家居装饰的美学优化。种种优势，催化集成吊顶快速进入发展时期，产业不断标准化、规模化，一大批品牌企业应运而生。

图1-1 平面集成吊顶除了让顶部更美，还将浴霸等多功能电器进行分解，使各电器功能达到最大优化

集成吊顶经过8年的发展，大致经历了以下阶段：

第一阶段，2005年平面集成吊顶诞生。它把浴霸时代的取暖、照明、换气分解后优化、模块化，再与同样规格的扣板模块进行组合，整体美感超越了传统的厨卫吊顶结构，并大大提高了安全性能（图1-1）。

第二阶段，从色彩单一性向色彩多样性发展。

图1-2 扣板色彩和图案向丰富性发展，电器设计也变得更加讲究

最初的集成吊顶电器模块和扣板模块颜色不统一，电器设计简单，板材颜色不丰富。到了第二阶段，集成吊顶在扣板颜色和材质的丰富性方面得到进一步发展。此阶段，众多企业纷纷推出各具特点的板材，电器功能和外观也有了很大改进（图1-2）。

第三阶段，扣板材质向丰富多样性发展。

这个阶段的集成吊顶不仅扣板的色彩和图案多样化，而且板的材质也从单一的覆膜板、氧化板发展到辊涂、彩印、拉丝等工艺板材。这个阶段，很多集成吊顶企业就以板材的款式来给自己的产品命名（图1-3）。

图1-3 集成吊顶的扣板材质更加丰富

第四阶段，集成吊顶初步从平面向造型发展。

这个阶段出现了凹凸电器、铝框板、造型板等新型产品，也出现了采取改变龙骨结构，利用高低龙骨来做造型顶的方法。这种趋势的形成，主要是因为平面化的集成吊顶很难从厨卫间走到客厅、卧室等空间，同时人们对居家美的进一步追求，也促成了集成吊顶向造型顶发展。

图1-4　凹凸板改变了平面化的简单，令顶部空间更富于变化

这个阶段出现的局部造型变化虽然改变了平面化的整体结构，但安装依然是一个待解决的问题（图1-4）。

第五阶段，有层次的造型顶出现（图1-5）。

图1-5　有层次的吊顶的出现，彻底改变了一平到底的平面结构，使集成吊顶向立体吊顶的方向发展

有层次的集成吊顶设计，让顶部平淡、生硬的装饰变得和谐、优美。它的出现，延伸了居家空间，不仅让空间看上去更高更宽敞，而且结构看上去也更加美观，同时也更加符合现代人的审美需求。

有层次的吊顶真正实现了顶部功能模块的合理分隔，让每个电器模块的位置都更加合理。比如，将照明电器对称放在第二层平面，而取暖和换气这两个不常用的功能模块则放在第一层层面，这样，每一个平面都能够得到完整与协调的展示。功能模块的分隔，相对传统平面化的集成吊顶而言是一个飞跃。在改变了集成吊顶结构的基础上，让安装也变得更加容易。

（2）集成吊顶的优势

①功能和结构优化

集成吊顶的设计使各功能模块最大限度地优化，如取暖功能、换气功能、照明功能、吸隔声功能等，在集成状态下达到最优、最强。

集成吊顶在产品结构上也做出了突破性的变革。它将传统吊顶拆分成若干个功能模块，再通过消费者自由选择组合成新的体系，安全、时尚、合理。

②多技术的应用和人性化设计

集成吊顶综合利用了照明、通风以及取暖等技术，由于是组合式，随时可以更新和引用最新的技术。

③安全到家，性价比高

传统吊顶均采用灯热型浴霸取暖，它有很大局限性，取暖位置太集中，存在安全隐患，集成吊顶克服了这些缺点，取暖范围大且均匀，三个暖灯就可以达到浴霸四个暖灯的效果。暖风机、碳纤维浴霸、暖疗伴侣等更加环保健康的新型取暖产品将逐步成为取暖主流。同时，采用优质铝镁锰合金材料，无有害物质，防火、防潮、耐老化，最大程度地提升了卫浴间的安全性，彻底消除传统吊顶中因浴霸带来的事故隐患。

集成吊顶由优质铝材加工而成，传统吊顶大多是由低档塑料加工制成，而且必用木龙骨（不防火）。集成吊顶的寿命可达30年左右（可回收），而传统吊顶的寿命才10年左右。

④美观时尚，维修方便

集成吊顶让厨卫吊顶不再千篇一律，也不再简单，它以一体化、个性化的时尚空间美学，灵活的外观以及多种风格，赋予消费者更多的选择空间。

集成吊顶维修方便，特别是电器位置可以随意调整，无须拆除整个吊顶。集成吊顶和传统吊顶对比见表1-1。

表1-1 集成吊顶和传统吊顶对比

	集成吊顶	传统吊顶
外观	吊顶与取暖、换气、照明等设施一体化、平面化，大大增强了吊顶装饰效果。	吊顶与各电器部件装好后，显得凌乱，装饰效果不明显。
安装	实现吊顶、取暖、换气、照明的一次性安装，省时、省心。由于是模块化自组式结构，每个模块都是单独的个体，售后维护非常简单。	多个步骤实施，用户分别采购、安装费时、费力且分心，由于是整体式结构，售后维修时几乎要整体更换。
实用	实现吊顶与取暖、换气、照明等设施的模块化，用户可根据自身需要调整电器安装位置和使用数量，取暖、换气、照明等功能得到最大化的利用。	取暖、换气、照明等设施采用固定的成品，其安装距离、位置是固定的，且受安装空间的限制，功能受到严重抑制、不安全。
安全性	电器部分强弱电分离，确保使用安全，最大化利用产品使用寿命。各电器部件布线独立，工作时互不干扰，确保工作正常。	电器部分热电集中，容易导致电线、电子部件老化，缩短产品使用寿命并容易导致线路短路，造成安全隐患。
价格	实惠，性价比更高。	多次采购、安装，增大采购和安装维护成本。
服务	一次性轻松完成吊顶、取暖、换气、照明等要求。	分类服务增加了服务的难度并占用用户时间和精力。
使用寿命	十年不变色、不变形，使用寿命长。	三年内就会变黄，遇热变形，使用寿命短。

通过近几年的技术革新，集成吊顶逐步被广大消费者所认可，已经发展成为具有一定规模的产业。目前，我国有1000多家集成吊顶生产、销售企业，近千个品牌，年产值近200亿，产品远销世界各地，成为吊顶装修材料的首选产品。由于集成吊顶是工业化生产的产品，产品质量好，施工方便，又可回收利用，现已逐步替代原有的吊顶装置，随着集成吊顶行业的系统化、规范化发展，未来的市场不可限量。

作为符合国家住房和城乡建设部装配式住宅产业化发展的一种新型产品，国家为提高住宅建设质量，发展省地节能型住宅，已将其列入国家康居认证示范工程项目，通过认证的产品在国家康居住宅示范工程项目中将有可能大量被采用。

1.3 集成吊顶的标准化历程

1. 产品标准

（1）GB/T 26183—2010《家用和类似用途多功能吊顶装置》

随着市场规模的日益扩大，行业如何规范、健康地发展，成为集成吊顶企业思考的问题。在多家企业的共同努力下，历经两年多时间，推荐性国家标准GB/T 26183—2010《家用和类似用途多功能吊顶装置》（以下简称《多功能吊顶装置》）制定完成，并于2011年6月1日起正式实施。

（2）JG/T ×××—201×《建筑用集成吊顶》（征求意见稿）

GB/T 26183—2010标准主要关注集成吊顶的功能模块的性能，而作为一种整体装饰装修材料，集成吊顶还缺少对整体的性能要求，例如安装后整个产品的尺寸偏差、噪声以及外观质量等，不利于集成吊顶产品进入装饰装修工程，故2010年，由中国建筑装饰装修材料协会天花吊顶材料分会牵头编制了国家建筑工程行业产品标准JG/T ×××—201×《建筑用集成吊顶》，该标准在编制过程中得到了住房和城乡建设部标准定额司和建筑制品与构配件产品标准化技术委员会、多家企业和国家建筑材料测试中心等单位的支持，该标准编制工作已经进行到征求意见阶段并有望在2013年初完成。

2. 安装技术要求

（1）《集成式多功能吊顶安装、验收规范》企业联盟标准正式发布

早在2009年4月，集成吊顶产业集中地之一的嘉兴市王店镇就召开了“集成吊顶安装验收规范”标准征求意见会，行业内多家企业共同出席会议并出台了《集成吊顶安装验收规范》标准草案。同年6月，《集成式多功能吊顶安装、验收规范》企业联盟标准在嘉兴市王店镇颁布，从集成式多功能吊顶产品的安装材料、安装条件、安装质量、安装过程控制、验收、管理及质量文件等方面对合格安装工作做了相应的技术标准规定。

标准发布之后，联盟企业对安装施工人员进行了标准培训，并制定了《安装告知书》、《用户验收指南》等，行业规范逐渐有序发展。

（2）JGJ/T ×××—201×《公共建筑吊顶工程技术规程》

2012年由住房和城乡建设部批准、中国建筑标准化设计研究院组织编写的《公共建筑吊顶工程技术规程》，将集成吊顶纳入编写范围，充分体现了国家对集成吊顶行业的重视。该标准将包括所有室内吊顶行业的相关安装技术规程，并建议取消存在安全隐患的吊顶材质。预计2013年正式出台。

自此，产品标准及安装技术规范组成了集成吊顶标准体系，这意味着集成吊顶产品的质量检测、产品的安装规范将有相应的标准，由此，行业开始步入一个新的发展阶段。今后，协会将编制与集成吊顶配套的材料、配件等部件标准，以及不同材质的集成吊顶标准，以完善行业标准体系。

纵观集成吊顶企业，我们欣喜地看到，企业都在努力建设自身的产品检测体系，严格把控产品质量检测。很多知名企业纷纷建成了型式实验室、通风性能自动检测系统、噪声实验室等多个行业领先的检测实验室，并拥有多项先进的检测设备，实力强大的检测体系不仅为企业带来了质量可靠的保证，更为行业的健康发展打下坚实基础。

第2章　建筑用集成吊顶产品

集成吊顶最早应用于家庭卫浴、厨房及其类似场合的装饰装修。因此，又被称为家用厨卫集成吊顶装置或多功能吊顶装置。

近年来，随着家用厨卫集成吊顶装置应用范围的不断扩大，用户越来越多。这一装置逐渐被建筑装饰装修市场所认知、认可。

其模块化、自由组合化的装饰装修特点，能广泛满足多种场合的需要。因此，被逐渐引入到建筑用天花吊顶装饰装修行业中来，发展成建筑用集成吊顶。

建筑用集成吊顶，同样秉承了家用厨卫集成吊顶装置的基本概念。即在天花吊顶装饰装修时，采用模块化、自由组合式的方式将天花吊顶板和吊顶安装式电器进行组合、搭配，最大限度的满足用户创新、实用、个性化装饰的需要。

2.1　建筑用集成吊顶的安装结构形式

建筑用集成吊顶安装结构形式如图2-1所示。各种组成材料按照模块化组合进行安装，主要包括以下几类：

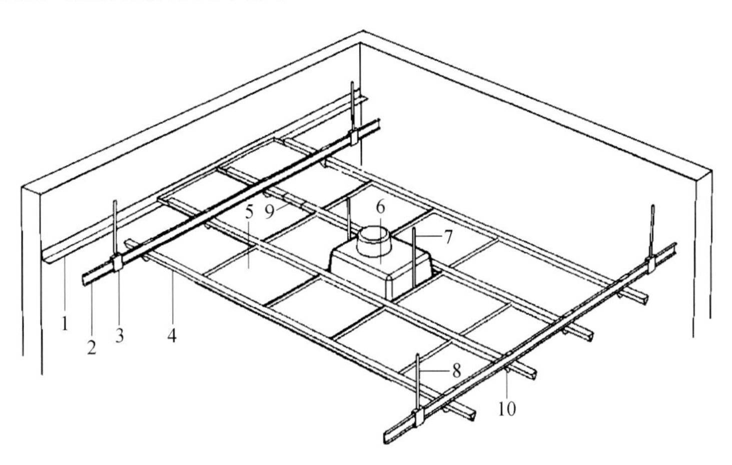

图2-1　建筑用集成吊顶组成材料名称及安装结构示意图

1—收边龙骨；2—主龙骨；3—龙骨吊件；4—副龙骨；5—吊顶模块；6—功能模块；7—加密吊杆；8—主吊杆；9—连接杆；10—挂杆

（1）吊顶模块；

（2）功能模块；

（3）安装构件；

（4）电气配件。

这些材料，是由各个不同的专业生产商，按照相应产品的国家标准和行业标准，生产和出售的产品，供用户需要时选用。

2.2 建筑用集成吊顶的组成材料

1. 吊顶模块

吊顶模块是指在集成吊顶上，用来提供装饰和隔离隐蔽工程作用的组成材料，又称吊顶板、天花板等，俗称“扣板”。

（1）吊顶模块的材质

吊顶模块可以采用多种材料制成。例如纸面石膏板、平板玻璃、冷轧板、金属复合材料板、塑料板、非金属复合材料板或经过模具加工成型后的塑料制件等。

市面上最常见的集成吊顶模块一般由铝卷材经冷冲压成型制成，俗称“扣板”或“铝扣板”。

由于铝材具有质量轻、抗锈蚀能力强、材料挺括、成型尺寸精度高，广泛适用于多种加工工艺；特别是材料表面具有能广泛应用多种表面处理工艺技术等诸多优点，因而得到生产商和市场的一致认同。

（2）吊顶模块的规格尺寸

吊顶模块一般以一定的规格型号，形成一个模块化的产品系列。同一规格型号的产品，具有统一固定的几何尺寸和安装方式，便于实现模块化安装并为维修更换提供便捷。

吊顶模块常见的安装规格尺寸有：300mm×300mm；300mm×450mm；300mm×600mm；400mm×400mm；500mm×500mm；600mm×600mm；等等。

一定规格尺寸的吊顶模块，只能与相同规格尺寸的吊顶模块相匹配或相互更换，这是集成吊顶的特点。因此，选购时应注意，对吊顶模块进行匹配或更换时，不同规格型号的模块由于几何尺寸不相符，往往会给安装造成困难。随着集成吊顶装修范围的不断扩大，更大、更多、更全的规格型号产品会不断出现。

（3）吊顶模块的表面装饰

吊顶模块的表面常常具有华丽多彩的图案和纹饰。以各种单色、多色及拼花图案和立体图案最为常见。

这些图案纹饰和色彩是经过专业美术设计师设计，对整个建筑环境有着很强的美化作用；同时，一些花纹图案，有着很强的艺术风格和个性特点，适宜与相类似艺术风格的产品相配套，具有一定的排它性。

吊顶模块选购时，不仅要考虑适于不同场合的艺术风格、个人喜好，同时，还要注意与整个建筑环境及色彩的协调性和匹配性。

吊顶模块表面的图案和纹饰，依照加工方式的不同，可以分为阳极氧化、蚀刻、铝塑复合、转印、辊涂、喷绘、丝印、覆膜、压型等等多种加工类型。各种吊顶模块如图2-2所示。

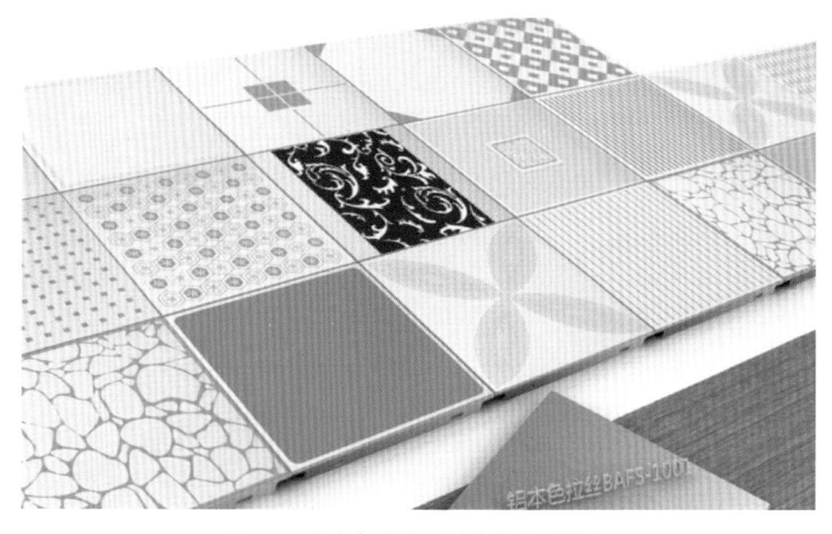

图2-2　具有各种美丽纹饰的吊顶模块

（1）阳极氧化加工。一般是指对铝材吊顶模块进行表面加工。加工后的模块表面，具有极强的金属质感，华丽的金属色彩，明暗相间的纹饰以及多种层次图案，同时，具有较好的表面硬度和较优异的抗腐蚀性能，适合高端、华丽的装修场合，以及对材料要求耐潮湿性强的环境。

（2）蚀刻加工。是通过对铝材表面进行腐蚀雕刻处理，再在表面经过多次喷涂烘烤处理，图案线条清晰，表面平整，不采用胶水和辊涂处理，绿色环保。

（3）铝塑复合。是非常先进的工艺，表面层图案色泽鲜艳，且有良好的立体肌理，与背面层复合后强度好，档次高，应用于高端场所。

（4）辊涂、丝印加工。经辊涂加工或丝印加工的吊顶模块，表面多呈单色或彩底单花，纹饰简洁大方，富于剪纸特色，图案易于拼装，比较适合场面宏大、气宇轩昂的场合装修。

（5）喷绘加工。可以制作出色彩层次丰富、绚丽多彩的花纹图案，适合精致优雅，细腻温馨的装修场合。

（6）覆膜加工。是将耐候性能优异的塑料膜材复合到铝材表面，与基材融为一体，加工成挺括、美观、耐久的金属复合材料吊顶模块。这种吊顶模块具有较好的抗油污性和抗潮湿性，以及自清洁性，特别适用于诸如厨房、卫浴等油烟污染较重和潮湿度较高的场所。在我国，一些常年潮湿的海滨城市和潮湿地区，更适宜采用该种吊顶模块。

（7）压型加工。可以把吊顶模块表面压制出凹凸不平的立体图案或浮雕效果，使装饰效果更加生动和丰富，适于一些古朴、凝重的场合装修选用。

2. 功能模块

功能模块是指在集成吊顶装置上彼此独立，分别提供如取暖、换气、照明、音乐等特定使用功能或多种功能组合的电器。

与普通电器不同，这种电器必须是顶装式的、模块化的、能与集成吊顶安装方式相匹配的电器。同时，功能模块属于国家强制性认证电器产品。凡是正规、合格的功能模块，都必须持有国家颁发的强制性认证证书和在功能模块产品上印有认证标志。

产品强制性认证证书可以通过中国质量认证中心官方网站进行查询。查询时，输入生产商或责任经销商名称及产品名称，可查询出该产品是否持有认证证书、证书号及证书是否有效等信息。

产品认证标志可以在产品壳体上或面板上看到，包括四种标志，分别为：S为安全认证、EMC为电磁兼容认证、S&E为安全与电磁兼容认证、F为消防认证。功能模块上应该施加有其中至少一种。

功能模块的安装尺寸（一般指箱体尺寸），应与吊顶模块的安装尺寸相一致，常见的规格尺寸有：300mm×300mm；300mm×450mm；300mm×600mm；400mm×400mm；500mm×500mm；600mm×600mm；等等。

功能模块的面盖板尺寸一般会等于或略大于箱体尺寸，测量功能模块安装尺寸时，应测量其安装主体——箱体尺寸。

在选购功能模块时，不仅要考虑功能模块的特定功能是否满足需要，同时，还要考虑功能模块的安装尺寸，应与吊顶模块安装尺寸相匹配。

功能模块按照其特定功能可分为：照明模块；换气模块；加热模块；音乐模块；多功能组合式模块；其他功能模块等类型。

（1）照明模块

照明模块的外观多样，装饰性强。其共同特点是箱体式、模块化，安装方便。灯具装于箱体内，箱体上部覆盖有透明磨砂灯光罩板（有些模块没有灯光罩板，例如，部分节能灯型和LED型照明模块）；灯光罩板一般设计为用户可以自行打开，以方便更换灯具。

照明模块以光源分类，有荧光灯型、节能灯型和LED灯型。

①荧光灯型照明模块

荧光灯型照明模块，采用荧光灯管作光源。荧光灯发出的光线与日光比较接近，对人眼视觉反应良好，因此荧光灯又被称作日光灯。

由于荧光灯能提供照明亮度较强，类似日光光源，因此各种照明场合都有广泛使用。

集成吊顶荧光灯型照明模块，按照模块内部灯管数量不同，分别有一只、两只、三只及其以上灯管等多种模块类型，以分别满足用户对不同照明亮度的需要（图2-3所示，上为双管式荧光灯照明模块；下为类环形荧光灯模块）。

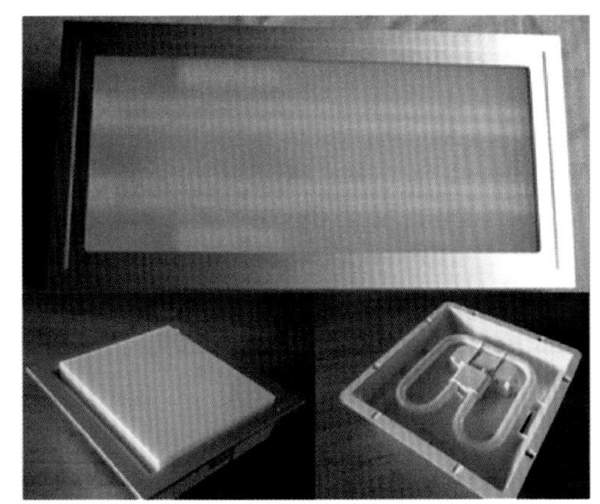

图2-3 荧光灯型

荧光灯在制作时，必须要在灯管内注入一定量的汞。汞是对人畜有强烈毒害作用的物质，也是环境污染的元凶。当荧光灯管报废后，随便丢弃，没有专业的含汞废品回收处理，容易对环境造成汞污染。

因此，荧光灯不是国家鼓励推广使用的环保产品，正在逐步进入产品淘汰阶段。

荧光灯管的样式，可分为“环形”、“类似环形”和“一字形”等多种类型。选购时，应注意模块与装饰环境匹配性及场所对照明亮度的需求性。

②节能灯型照明模块

节能灯型照明模块采用节能灯作照明光源。

节能灯又称电子节能灯、一体式荧光灯，是指将荧光灯与镇流器组合成一个整体的照明设备。

节能灯的正式名称是稀土三基色紧凑型荧光灯，这种光源在达到同样光能输出的前提下，只需耗费普通白炽灯用电量的1/5至1/4，从而可以节约大量的电能，因此被称为节能灯。

节能灯的尺寸与白炽灯相近，灯座的接口也和白炽灯相同，可以直接替换白炽灯。

节能灯节约电能，是国家倡导和鼓励使用的灯具。同时，节能灯价格可以享受国家政策补贴。在环境照明亮度许可的情况下，应尽量优先选用。

但是，节能灯发光原理和荧光灯本质上没有区别。和荧光灯一样，节能灯管内含有一定量的汞，我国目前还没有专业的废汞回收处理系统或制度。报废后随便丢弃，容易造成水源和土壤的汞污染，影响人类健康。因此，节能灯虽然节能，但并不环保。

荧光灯型照明模块与节能灯型照明模块的区别在于模块上是否带有镇流器。荧光灯的镇流器是由外部提供的，而节能灯的镇流器是自带的。就是说，荧光灯照明模块，一定带有至少一只镇流器；选购时，查看是否带有镇流器，容易区别。

此外，从灯具造型也可以看出，一般节能灯外观为螺旋形或折叠形，灯形紧凑。

③LED灯型照明模块

LED灯型照明模块采用LED灯具做光源，是近些年来发展起来的新一代照明灯具换代产品。

所谓LED灯，即半导体发光二极管。由于单只LED发光二极管功率较小，在照明模块应用上，往往采用数十只，甚至数百只二极管，以条带集合形式或阵列集合形式，组成一个照明模块。

这种照明模块，由于采用了高亮度白色发光二极管作光源，具有光电转换效率高、寿命长、易控制、免维护、耗电低，启动迅速，光色柔和以及安静无噪声等诸多优点。

LED发光二极管工作电压很低，因此，具有很好的安全性能。

LED灯发光源，本体结构简单，是一种固体冷光源。不像荧光灯或节能灯那样，需要采用灯丝发热来加热管内汞蒸汽，产生电离以激发发光涂层发出荧光。因此，光电转换效率高，是世界上迄今为止，各类照明灯具中使用寿命最长、最为高效节能的新型灯具。

LED灯内部不含有害物质，即使灯具报废后，也没有环境污染的隐患，是真正意义上的节能环保产品，是国家产业政策积极扶持和鼓励发展、积极推广应用的产品。

LED灯照明模块光源面积大，光色柔和明亮；质量较轻，安装方便，对装饰环境有很强的美化作用。

常见集成吊顶LED照明模块，有平板式模块和点阵式模块（图2-4所示，前为平板式模块，后为点阵式模块）。

点阵式模块结构较简单，工艺难度较低，价格相对低廉，适合一般场合装修选用。

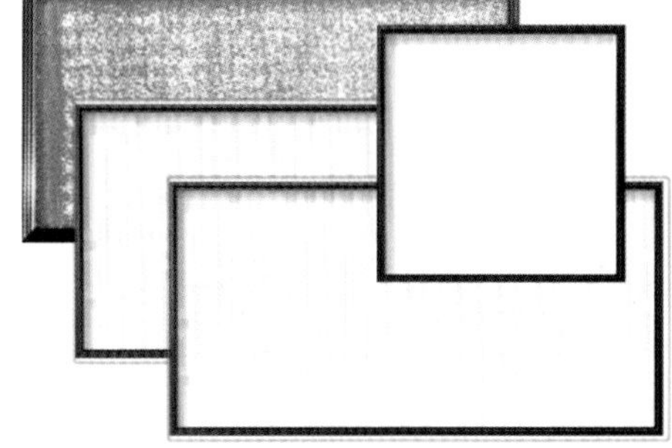

图2-4　LED灯型

平板式模块结构较复杂，原材料质量要求高，工艺难度大，制造成本较高。

与点阵式模块相比，平板式模块具有光源更均匀、柔和，外观更华丽、轻便超薄、装饰效果更佳的优势，适合安静、雅致的高端场所装修采用。

目前由于材料和技术的原因，LED灯制造成本还高居不下。随着科技的进步，制造成本会不断降低，将来，一定会得到迅速推广和广泛地应用，成为新一代革命性照明光源。

（2）换气模块

换气模块的功能是使房间内的空气流通，排除陈旧空气或潮湿气体，引进新鲜气流。

换气模块的核心部件是一只换气风扇。

换气风扇因工作方式不同分为轴流式风扇和离心式风扇两种类型。

①轴流式换气风扇

轴流式换气风扇是有着三片风叶（或多片风叶）的转叶式风扇。面朝换气模块正面，可以看到旋转风叶。这种风扇工作时，旋转风叶会产生轴向风流，风流朝着风扇正前方（或正后方）吹出。

有些轴流式换气模块，有正、反向旋转控制开关，可以让风扇正、反向运转。由此产生吹出（正压）或吸入（负压）空气流，达到换气目的。

轴流式换气模块，一般结构较为简单，同时风压小，不适合排到室外的导风管使用，在集成吊顶中使用少。

②离心风机式换气风扇

离心式风机换气风扇中，驱动风流的是一只中空的离心式风轮。风轮周边，围有一圈数量较多，小而窄的风叶。风轮旋转时，轮上的风叶会使空气产生离心运动，空气由风轮前方中空部位进入，再沿风轮周边飞出，形成离心风流。

图2-5　离心式风机换气扇

离心风机式换气风扇常常带有一个形如蜗牛壳式的外壳，称为风机蜗壳。

离心式风机换气风扇一般为单向旋转、抽吸式工作。运转时，能把室内空气抽吸至室外（图2-5所示，换气模块及其安装效果）。

无论采用何种类型的换气模块，安装时，都必须把换气模块上的换气风口用导风管连接至室外，否则，模块工作时，只能使室内空气流动，不能除陈纳新，达不到换气的目的。

（3）取暖模块

取暖模块的功能是采用电加热的方式，使用户环境温度升高，或者使房间内的人或物得到温暖，抵御冬天的严寒，或驱走室内的潮气。

取暖模块按加热方式的不同，可分为：辐射式加热模块；风暖式加热模块；混合式加热模块三种类型。

①辐射式加热模块

采用辐射式加热源对房间、物体或人体进行辐射加热。由于辐射式加热模块常常采用红外线灯作为加热源，因此，又俗称为“灯暖”式模块。辐射式加热是一种直接加热方式。

辐射式加热是热源直接对被加热体进行辐射传递热能。由于辐射时，热源不需要对被加热体周围空气介质进行预加热或是同步升温，因此，被加热体得到热能速度快，升温迅速，具有极高的热能效应。

阳光对大地的热能传递就是辐射加热的实例。只要人或物体处在阳光下，立即就能感受到阳光的温暖。

与此相同，只要辐射热源一开，热能马上就能被人体感受到。

辐射式加热模块具有结构简单、高效、快速、省电等优点。

常用的辐射式热源有红外线灯、红外线光波管、卤素灯管、碳纤维辐射灯管等。

A. 红外线灯

红外线灯是常见的辐射热源，已有很久的应用历史。在工业应用上，常用来对产品及材料进行烘干和加热；在医疗上，常常用做人体康复理疗照射。

红外线是热能的重要载体。红外线灯真空泡内的灯丝上，涂有能发射红外线的物质。灯丝工作时，会炽热到数千度的高温，产生的热能随着红外线源源不断地向外辐射，被照射物体立即能接受到辐射出的热量，就和人在阳光下晒太阳时的感觉一样。

红外线灯加热式模块依照模块内红外线灯泡的数量，可分为单灯式、双灯式、三灯式等多种不同规格的模块。

单只红外线灯的加热功率，有225W～275W等多种规格。

浴霸也是采用红外线灯作为加热源的，同样有双灯、三灯和四灯多种规格。但是，浴霸的安装尺寸与集成吊顶模块安装尺寸不一定相符，且存在蓝光、易爆等安全隐患，选购时，应加以注意。

红外线灯虽然有众多优点，但也有显著缺陷，主要是：炽热灯丝引起的光亮度太强，使用时十分刺眼。长时间使用，甚至会对人眼造成伤害；离灯泡距离远，辐射热能会迅速减弱。使用时，往往出现有头热脚冷的现象。存在灯泡有可能爆裂的安全隐患，给用户造成心里压力。

B. 红外线光波管

近些年，新发展起来的红外线光波管是新型辐射加热源。这些辐射加热源，在灯管内充注有卤族气体或采用碳纤维材料制作发热灯丝，把点状发热源改进成线状发热源，把灯泡型外壳改为细长的灯管形状；有些卤素光波管，还对灯管玻璃外壳增加了镀膜或多层镀膜等技术措施，以提高发热源的红外辐射效率。

这些新型辐射热源相比红外线灯，在安全性能上和弱化光污染上有很大的改善，大有取代红外线灯的发展趋势。

红外线光波管可分为卤素灯管和碳纤维灯管两大类型（图2-6所示为单、双光波辐射加热管模块及其装饰效果；右下为卤素光波管，中下为碳纤维光波管）。

图2-6　单、双光波辐射加热管

采用卤素灯管或碳纤维灯管作为辐射加热源的取暖模块，同样有一管式、双管式和多管式等多种型号，单只加热管功率有400W～1000W等不同规格。

②风暖式加热模块

风暖式加热模块的工作方式，是一种间接式加热。即发热源产生的热能，以空气为媒介，通过风流循环进行扩散，对房间环境实现加热。这种工作方式，与空调没有本质的区别。

要使整个房间温度升起来，不仅需要消耗较多的电能，而且还需要等待较长的升温时间。这往往使人感到既不情愿，也不方便。

风暖式加热与空调器加热也有相同的优点，就是能使整个房间升温均匀，一旦升温后，房间内会使人感到有很高的舒适度。

因此，风暖式加热模块，以其能创造更高舒适度的优点，得到用户的广泛欢迎。它比较适合追求舒适度、高品质生活的人群和空间较小的场所装修选用。

风暖式加热模块主要由两个核心部件组成，一是发热器，将电能转换成热能；二是风机，使房间空气产生循环的同时，把发热器产生的热能不断地扩散到空气中。

风暖式加热模块，按照发热器所采用发热元件的不同，可以分为陶瓷PTC型和金属PTC型两大类型。

所谓PTC，是指正温度系数很大的半导体材料（或金属材料）或指正温度系数热敏电阻。PTC的特点是，电阻会随着温度的升高而增大，超过一定的温度（居室温度）时，它的电阻值会产生急剧的增大，称为跃变。利用这一特性，可以对加热器工作电流进行自动控制，以使发热器温度能自动控制在一定的范围内。

A. 陶瓷PTC型

陶瓷PTC，就是具有正温度系数很大的半导体材料。是采用可烧结陶瓷材料做基料，加入钛酸钡、钛酸铅等一类物质，经混料、制坯、烧结、极化等工艺，制成的片状铁电半导体材料。

把这种材料的两个极面，装上散热能力很强的铝波纹电极，就制成了陶瓷PTC发热器。

把发热器的两个电极通上电流，由于初始温度（室温）较低，发热器电阻较小，通过的电流较大，发热器就会迅速发热；随温度升高，发热器电阻会随之增大，通过发热器的电流会越来越小，直至发热器的温度和电流自动形成平衡，建立稳态，达到自动恒温的目的（图2-7所示，采用陶瓷PTC发热器的风暖型加热模块；左为陶瓷PTC发热器）。

图2-7　陶瓷PTC发热器

陶瓷PTC发热器技术成熟，结构简单，成本较低，易于制造；又有启动迅速、自动控温的优点，因而得到广泛应用。其缺点是功率衰减较大。

B. 金属PTC型

金属PTC加热管，是采用具有正温度系数的金属发热丝材料做电热芯，将其封装在密闭的圆形金属管内。管内壁与发热丝之间，充填有导热性优异、绝缘性极佳的氧化镁粉末。

发热丝电极从金属管两端引出。金属管外表面与密布的金属散热翅片紧密接触，使热量能迅速散发（图2-8所示，为一高端金属PTC风暖型加热器。该产品融合了智能、遥控、加热和照明多项功能，左上为金属PTC加热器）。

图2-8　高端金属PTC风暖型加热器

金属PTC除了具有和陶瓷PTC相同的启动迅速、自动恒温等优点外；与陶瓷PTC发热器相比，还具有安全性能好、发热器外壳不带电；输出功率稳定、衰减小，使用寿命长的诸多优势。

金属PTC发热器结构较复杂，制造工艺难度较大，生产成本较高，一般只在较高端的加热模块产品上采用。

风暖式加热模块中的另一核心部件——风扇，与换气风扇没有本质区别，详情请参阅换气模块一节，不再赘述。

C. 高性能金属发热丝

高性能金属发热丝是采用高性能发热丝制作，避免了铝的散热片，无需进行能量转移与传导，发热迅速，热效率高，还具有安全性能好、发热器外壳不带电；输出功率稳定、特别是没有PTC发热体的功率衰减情况，使用寿命长的诸多优势，是目前国外大牌取暖器公司采用较多的发热元器件。

③混合式加热模块

混合式加热模块是把辐射式加热和风暖式加热两种方式合二为一。这种模块集合了辐射式和风暖式加热的优点，使两种加热方式能实现优势互补。

混合式加热模块一般设置有分别控制风暖和灯暖的开关。使用时，一般先开启风暖式加热功能，使房间预热升温，驱除严冬的寒气。

待房间温度升高到一定程度后，使用者再进入房间，开启辐射式加热，感觉会更舒适。

这类产品加热性能比较完备，能营造出比较舒适的温暖环境，价格适中。适合大众化的集成吊顶装修选择。

常见的混合式加热模块产品，有红外线灯和陶瓷PTC风暖混合型；红外线光波管和陶瓷PTC风暖混合型；碳纤维辐射灯管和陶瓷PTC风暖混合型等等（图2-9所示为多款红外线灯辐射和陶瓷PTC风暖混合加热式模块）。

图2-9　混合加热式加热器

（4）多功能组合式模块

所谓多功能组合，顾名思义，就是在同一模块上，集成有两种及其以上的功能。例如，换气与照明组合，取暖与照明组合，灯暖与风暖组合，等等。

常见的产品有二合一、三合一、四合一、五合一，等等（图2-10所示为换气、照明、加热三合一模块）。

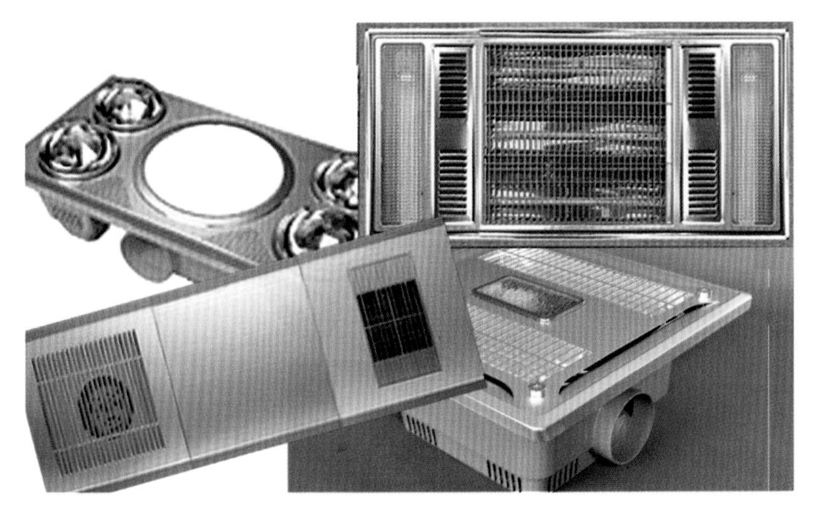

图2-10　多功能组合加热器

多功能组合式模块，有功能集中、结构紧凑、一机多能的优点。

在用户安装面积较小，对功能要求较多的场合，具有更明显的优势。但也有过多功能集合，各功能发挥不是很好，使用环境也苛刻，一般在过小的空间才采用，正常的空间一般采用分体式。

（5）其他功能模块

除以上所介绍的各种常见功能模块外，另有一些专为营造环境氛围或特殊用途而设计的专用模块。例如，音响、视频，装饰灯具、灯饰，制冷，遥控装置，等等。

这类模块，往往需要用户向生产商提出特殊定制要求，进行专门设计和生产，统称为其他功能模块。

其他功能模块涉及面广，功能特殊，不在此作详细介绍。

3. 安装构件

建筑用集成吊顶是一个集合了多种电器功能的、系统性的天花吊顶装置。

在这个装置中，有吊顶模块和各种功能模块，怎样把这些功能模块和吊顶模块集成在一起呢？回答是：采用安装构件。

什么是安装构件？用主龙骨、副龙骨、吊件和必要的安装附件，按照设计方案进行组装，用于支承和固定建筑用集成吊顶装置全部模块所必需的结构件和紧固件，它们统称为安装构件。

集成吊顶施工时，先用安装构件依照设计方案，组装成一个吊架，通过吊杆、膨胀螺栓把吊架锚固在建筑物的顶面上，然后，再把吊顶模块和功能模块安装固定在吊架上。

集成吊顶安装构件，一般采用建筑用轻钢龙骨及其配件。这些构件已经系列化、标准化。按照型号、规格进行选用，施工十分方便。

建筑用集成吊顶安装构件中的主要部件有以下几种：

（1）主龙骨

主龙骨是用于对多功能吊顶装置起主要骨架支撑和承载作用的构件，又称承载龙骨。一般采用建筑用轻钢龙骨，按设计要求进行裁切或加长制作。

主龙骨是以连续热镀锌钢板（带）或以连续热镀锌钢板（带）为基材的彩色涂层钢板（带）做原料，采用冷弯工艺生产的薄壁型钢。

主龙骨的规格型号和断面形状多种多样。常用的规格型号有D38、D50、D60等。型号越大，型材断面越大，承载能力越强。

常用的断面形状有U形、L形、H形、T形等等（图2-11所示为多种断面形状的轻钢龙骨）。

图2-11　多种断面形状的轻钢龙骨

一般讲，集成吊顶的面积较小，承载质量较轻，可以采用较小型号的主龙骨，反之，则应采用较大型号的主龙骨。

具体采用何种规

格型号及何种断面形状的主龙骨，应根据集成吊顶的面积，承载模块总质量、主龙骨的抗弯承载能力以及吊顶模块的设计安装方式进行选用。

（2）副龙骨

用于固定和承载功能模块或吊顶模块的构件，又称次龙骨、覆面龙骨。副龙骨与主龙骨一样，以连续热镀锌钢板（带）或以连续热镀锌钢板（带）为基材的彩色涂层钢板（带）做原料，采用冷弯工艺生产的薄壁型钢。

副龙骨的规格型号较小，断面形状繁多。常用的断面形状有C形、V形、L形、T形等。

副龙骨断面形状的选用，应考虑吊顶模块和功能模块的设计安装方式。例如，采用铝扣板作为吊顶模块时，大多选用V形（俗称三角龙骨）龙骨，铝扣板依靠该龙骨的夹持力承载和固定。

（3）收边龙骨

铺设在室内墙壁上，用于提供集成吊顶装置中，吊顶模块靠墙一侧固定和支撑的构件，又称边龙骨、收边条。

收边龙骨与主龙骨一样，采用连续热镀锌钢板（带）或以连续热镀锌钢板（带）为基材的彩色涂层钢板（带）做原料，用冷弯工艺生产成的薄壁型钢。

收边龙骨的断面形状常为L形，一个侧面固定在墙壁上，另一个侧面用于支承和固定吊顶模块靠墙一侧。

（4）龙骨配件

用于组合主龙骨、副龙骨的配件。一般由热镀锌钢板（带）、彩色涂层钢板（带）、弹簧钢、冷轧薄钢板（带）等为原料，用冲压工艺成型和经防锈处理后的型钢构件。

常用的龙骨配件主要有以下几种：

吊件。用于龙骨和吊杆之间的连接构件。

挂件。用于使主龙骨和副龙骨相互连接的构件。

龙骨连接件。用于使主龙骨加长或使副龙骨加长的连接件。

挂插件。使副龙骨相互垂直连接而采用的连接件。

4. 电气配件

电气配件是指在集成吊顶装置上，对功能模块进行电气连接、控制和电气保护，所采用的各种电气元件或电气组件。如电气开关、插头插座、电气保护器、电气元件、电气配线等。

（1）电源开关和插头插座

①电源开关

这里所说的电源开关，是指在安装建筑用集成吊顶时，必须由用户在安装线路中，自行配置和采购的电源开关，由功能模块自身配备的开关类控制元件不在所述之列。

安装在电气线路中的开关是直接使用市电，其额定工作电压为市电电压，这类开关也被称为低压开关。

有些功能模块出厂时，自配有低压开关，只要求用户按照说明书进行安装；有些功能模块，出厂时不带有控制开关，需要用户自行选配和安装。

市面上常见的低压开关、额定工作交流电压250V，额定电流以10A、16A较常见。开关多为翘板式（图2-12所示为单、双及多联开关）。

图2-12　开关型式

选购低压开关时，必须要考虑开关的额定工作电压和额定工作电流两个指标。即开关的额定工作电压必须与供电电压相符；开关的额定工作电流应大于实际控制的功能模块额定工作电流。

带有电动机和PTC加热器类的功能模块，还要考虑功能模块启动时的启动电流，这时，开关的额定工作电流，一般应不小于实际控制的功能模块额定工作电流的1. 5倍。

②插头和插座

与电气开关相同，插头和插座，同样要考虑额定工作电压和额定工作电流两个指标。

插头和插座规格型号较开关要复杂些，有三相和单相之分（图2-13所示，左为三相四线插座，右为单相两插、三插混合式插座）。民用插头、插座多为单相。

图2-13　插头

单相插头、插座又有两插和三插之分。两眼插座是提供给Ⅱ类电器使用的。例如电视机、电吹风、电蚊香等，这些电器只有两只插脚。

三眼插座是供带接地线的单相电器使用的。例如电饭煲、电冰箱、洗衣机等。这些电器，都带有一根接地线，被称为I类电器。这根接地线是接地保护线，起防触电安全保护作用。万一电器在使用中发生漏电，电流会从接地线上流走，避免对人身造成伤害（图2-14所示，左为三插头，三角形顶端的那只插脚是接地脚；右为两插头）。

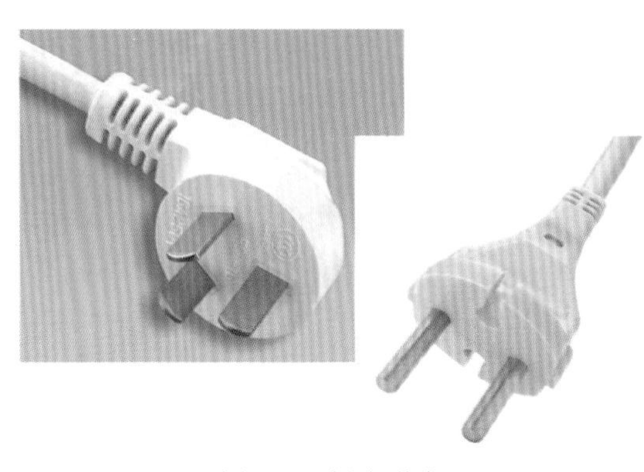
图2-14　插头形式

常用的插头额定工作电流有10A、16A。注意：插头必须与相同规格的插座匹配使用。

带有接地线的插座，必须要把插座上的接地端子，可靠地连接到建筑物内的接地专用端子上，不允许接地端子空留而不接地，那样做非常危险。

建筑物在建设时，事先已经预留了室内接地专用端子，称为PE端子。一般在建筑物的横梁、卫厨以及下水管附近可以找到，这些端子，已经和建筑物内的钢筋、地梁等连成一体，形成了良好接地。

有些农村房屋和自建房，或老旧房，可能在建设时没有预留接地专用端子，这时，应该做人工接地进行弥补。

③电气保护器

电气保护器是指能够对工作中的功能模块、电气线路和人身安全，起到保护作用的电气产品。

常用的电气保护器有空气开关、漏电保护器等。

④空气开关

空气开关是低压供电系统中非常重要的一种电气安全保护性电器，它有控制供电负荷，保护供电线路和用电电器安全的功能。

当供电电路由于欠压，不能使电器正常工作时，空气开关能自动分断电路，避免电器由于欠压过热发生毁坏。

当用电电器或供电线路发生短路、严重过载等故障时，空气开关能自动切断电源，避免线路负荷过载引发电气安全事故发生（图2-15所示为三相、两相、单相空气开关）。

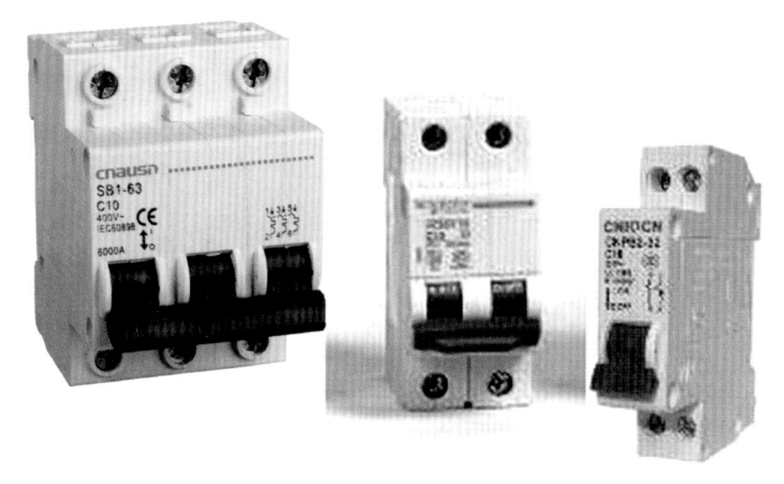

图2-15　空气开关

空气开关一般安装在建筑用集成吊顶供电线路总进线上。

和低压开关一样，选购时，要注意空气开关额定工作电压是否与供电电压相符，额定工作电流应大于全部功能模块额定电流总和，当功能模块中带有电动机或PTC加热器时，还要考虑功能模块启动电流。具体电气参数，应事先咨询电气专业技术人员。

⑤漏电保护器

漏电保护器又称漏电保护开关，是一种用于防人体触电的安全装置，是安全用电中极其重要的一种保护设施。

功能模块在使用过程中，由于电器受潮、老化、过载、欠压、过压、线路损坏、绝缘老化等原因，容易产生漏电。

漏电轻微时，会使人有麻电感；漏电严重时，会对人体产生电击损害，甚至会致人伤亡。因此，必须将漏电流限制在不致引起人体电击的安全限值内。

漏电保护器（也称剩余电流动作保护器、漏电断路器）就是用限制工作线路中的漏电流来保护人身安全的电气保护装置。

漏电保护器安装在建筑用集成吊顶供电线路总进线处。当功能模块或连接线路发生漏电，并且漏电流值达到或超过人体触电危险限值时，漏电保护器会自动、瞬时切断电源，避免人身触电事故的发生。

选购漏电保护器时，应当注意漏电保护器的额定工作电流和额定动作电流。额定工作电流是指漏电保护器容许通过的最大工作电流；额定动作电流是指漏电保护器启动切断电源动作时，所需要达到的电流。

不同型号的漏电保护器，额定动作电流值是不同的，其适用场合和保护范围也是不相同的。用于人体防触电保护的漏电保护器，其动作电流值，应选用30mA及其以下。例如，30mA适用于一般室内场所；6mA适用于潮湿环境场所；300mA适用于防止电气火灾，等等。详细知识，可阅读国家标准GB/Z 22721《正确使用家用和类似用途剩余电流动作保护器（RCD）的指南》，或相关技术资料和有关文献。漏电保护器形式如图2-16所示。

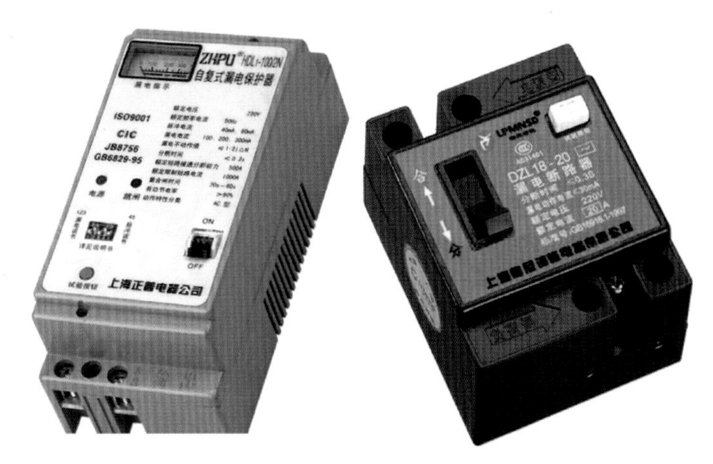

图2-16　漏电保护器

（2）电气配线

电气配线是指建筑用集成吊顶上，连接功能模块、控制开关、供电电源以及功能模块间相互联接所使用的电气连接导线。

除少数功能模块带有电源插头外，大部分的功能模块，只备有供电源连接、电器控制连接以及接地连接等专用于连接的接线端子。这些端子需要用户在安装时，按照说明书的要求，采用电气配线进行连接。

电气配线应采用具有聚氯乙烯绝缘层的多股铜芯绞合线，这种电线的主要技术指标是线芯截面积和绝缘层厚度。正规产品是按照GB/T 5023. 3（等效于IEC 60227—3）《额定电压450/750V及以下聚氯乙烯绝缘电缆 第3部分 固定布线用无护套电缆》国家标准制造的。

选购时，可按照该标准规定进行查询和检测。

电气配线是与用电器相串联的，电气配线本身具有一定的电阻值，其电阻值与其长度成正比，与其截面积成反比。当电气配线自身的电阻值与用电器（所有用电器都可以等效为一个电阻）的电阻值相比不可忽略时，用电器上的电压就会明显降低（串联电路中，总电压等于各电阻上分电压之和）。这不仅会使电器的有效功能下降，还会使电气配线产生发热，甚至使绝缘层损毁。

所以，计划采购电源线时，应当根据用电器的工作电流来选择适当截面的电气配线，以保证电器使用安全。

原则上讲，电器功率越大，配线线径应越大；配线长度越长，配线线径越大。电器额定电流大小与线径安全载流量的关系，可查阅电工手册相关内容或咨询专业电工人员。

正规的电源线往往在线体上印有或压有标记。例如，RV IEC 60227 300/500V 2.5字样。意为，本产品是聚氯乙烯绝缘层多股铜芯绞合线，符合国际电工标准IEC 60227质量要求，额定工作电压300/500V，线芯截面积2.5mm^2。有的产品上还标有生产商的标识或名称以及安全认证证书号。

在计划选购电气配线时，同时要计划选购一条接地保护线，这条线的线径规格要和电源配线相同。实际布线施工时，往往采用专用于接地保护的黄绿双色线，以示与其他配线相区别，同时，接地保护线上绝不可以串接开关或断路器一类的电器。

（3）建筑用集成吊顶电气配件的安全要求和注意事项

集成吊顶电气配件包括电气开关、插头插座、漏电保护器、电气配线等，都是直接使用于民用电网供电线路中的。

我国民用电网供电电压为：三相交流380V，单相交流220V。

电气配件的使用，不仅涉及使用者的人身安全和财产安全，而且涉及到供电电网的公共安全。全国每年都有多起由于电器使用和电气线路原因引发的火灾事故，损失惨重。

为保障社会稳定，人民生命财产安全，国家对电气、电工产品管制严格，不仅颁布有各产品具体标准，而且对产品一律实行强制性认证制度。

选购时，应采购标识清楚的正规生产厂家的合格产品。对产品的主要技术指标进行检测和查验。同时，认清产品上必须施加有强制性安全认证标志。对生产厂家提供的安全认证证书号码，要查验证书是否有效。有防伪标识或防伪电话的，要认真进行核对。严防假冒伪劣产品，规避损失风险。

第3章　建筑用集成吊顶产品的质量评价和检验方法

3.1　一般性质量评价

对集成吊顶组成材料进行一般性质量评价，是指采用目视、手感、简易工具测量等办法进行的检查、检验。以快速、简便的方式，大致评估产品质量的方法。

一般性质量评价方法简便、易行，易于掌握，比较适于普通消费者及采购规模较小的用户采用。

1. 目视

目视目的是通过视觉检验产品包装、标识、认证标志、外观是否合格，初步评价产品质量。

主要内容是对产品包装、标识、说明、产品附件等进行视检。

正规、合格的产品首先应该是包装完好的。内、外包装上的产品信息应一一对应。不应有包装缺失、破损以及包装粗劣的现象。

在没有拆开包装之前，应先查看包装上的标识。一般应标有产品名称、产品型号或产品序列号、产品色彩、产品商标、执行标准、生产商或责任经销商名称等信息。产品涉及安全认证的，应有安全认证标志，这些信息应与选购目标产品相一致。

拆开包装后，对产品上的名称、型号或序列号、商标、生产商或责任经销商名称，产品铭牌、安全警示语、注意事项等信息进行查验。

功能模块上应施加有认证标志。可以通过国家质量认证中心官方网站，查阅产品证书、证书号及证书是否在有效期。

产品包装内，应有产品使用说明书、产品合格证、产品保修卡。产品带有附件时，还应有装箱清单和产品附件。

取出产品后，应查看外观是否完好，有无裂纹、外观损坏，粗糙的拼合缝；色彩是否符合要求，特别是吊顶模块，要注意同一规格的模块相互之间是否有明显色差。

对功能模块，重点要查看产品铭牌和商标，注意产品铭牌上的功率大小、电源电压、运行环境条件、噪声值等是否符合集成吊顶设计要求，产品有无使用痕迹等。

2. 手感

用手触摸产品外表，应感到顺滑、细腻、舒适。不应有刮手的毛刺、尖角，制造粗劣的拼合缝、对位不齐的接口等现象。

产品上带有开关时，试按是否轻松、干脆、随意。

手握产品，掂掂重量。根据塑料较轻，铝材略重，钢、铜等金属比重较大的特点，基本能判定出产品材质属于哪一类，是否与产品说明上的标注相符。

用手轻轻摇晃产品，看看是否有内部零件松脱。

试装一下产品附件，看看能否顺利装配。

带有风叶、风轮的功能模块，试着用手轻轻转动一下，看看是否灵活，有无刮擦、摩擦等现象。

3. 简易工具测量

产品轮廓尺寸、厚度、模块安装尺寸等，用钢卷尺测量，判定是否与设计要求相符。

产品微小尺寸测量时，例如扣板材料厚度、电线线芯直径等，可使用游标卡尺测量。

对吊顶模块的表面平整度检查，可将钢直尺横放在产品表面上，面对亮处，通过查看钢直尺与模块表面漏光均匀性进行评价。

3.2 试验性质量评价

试验性质量评价也叫安装现场承重、承载试验，或者型式试验、功能模块运行试验等。

试验性质量评价是指除前述快捷、简易的一般性质量评价手段外，采用实验和仪器手段对产品进行质量评价的方法。

这种质量评价方法客观、科学、准确、量化。由于需要采用较多、较精密的实验仪器和设备，专业的实验人员和专业的实验室，投入较多的实验时间和实验费用。因此，该试验适于采购规模较大的集团性用户及重点、重要安装工程用户。

试验性质量评价的内容主要有：

- 吊顶模块材质、制造精度和表面质量评价；
- 功能模块电器安全和电器性能质量评价；
- 安装构件的承载性能、抗锈蚀性能质量评价；
- 电气配件的电气性能质量评价。

1. 安装构件的承载性能、防锈蚀性能质量评价

吊架是集成吊顶全部质量的承载体。毫无疑问，吊架的安全承载性能是第一安全要素。正如安装构件一节中所述，吊架是由各种安装构件所组成的，各个构件的力学性能都会对吊架产生直接影响。

评价安装构件质量的主要指标是安装构件的承载性能和抗锈蚀性能。

安装构件的承载性能，即当构件承受载重后，会产生形变，这种形变是否在容许的范围内。这有两重含义，一是当吊架承载规定的质量（全部模块质量）后，所产生的变形是否能满足建筑用集成吊顶的表面平整度要求；二是吊架对非正常承重（例如风压、非正常冲击、不均匀载荷等）应有足够的超载荷能力，不存在松脱的安全隐患。

前者，可以通过加载试验来评价；后者，往往采用超载试验来评价。

安装构件一般都是由自重轻，承载能力强的轻钢（轻型型钢）制成，轻钢材料表面往往要经过诸如镀锌、喷漆、电镀等方式的处理，以增强抗腐蚀能力。

安装构件抗腐蚀能力大小的评价，一般采用盐雾试验，把材料放在盐雾试验环境中，以耐受时间和锈蚀程度为评价指标。耐受时间越长，锈蚀程度越轻，质量越好。一般以供需双方协商的方式进行约定，或以某一指定试样为参照标准进行比对评价。

构件承载性能一般通过承载实验来测试和评价。具体实验和评价方法，可参阅国家标准GB/T 11981《建筑用轻钢龙骨》，建材行业标准JC/T 558《建筑用轻钢龙骨配件》。

为了给现场施工提供可靠的吊架承载信息，需要对设计吊架进行组装模拟承载试验（图3-1所示，吊架承载试验装置示意图）。

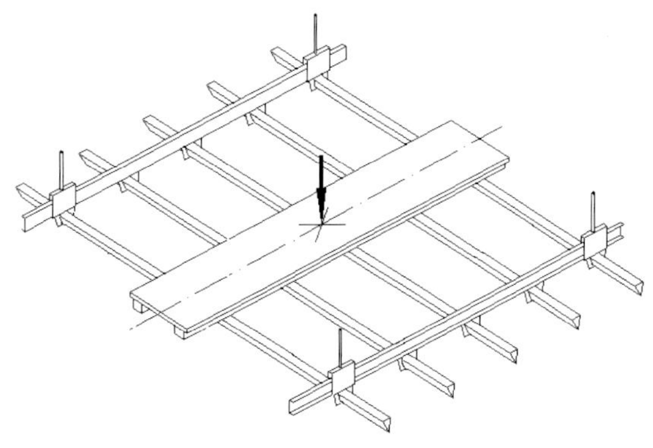

图3-1　吊架承载试验装置示意图

这时，需要在实验室内组装一个模拟吊架单元，这个单元是指由四只吊杆所围成的吊架范围，加载重量是这个单元内应承载的集成吊顶总重量。一般以24h为加载试验周期，试验完成后，检测吊架变形量是否符合要求。

2. 吊顶模块质量评价

吊顶模块对集成吊顶能起到隔离隐蔽工程和装饰美化环境的作用，吊顶模块质量的好坏，直接影响装饰效果和使用年限。

对吊顶模块质量的评价，主要是对模块基材材质、模块本体制造精度和模块表面质量两部分进行评价。

吊顶模块基材材质，一般采用实验室试验方法，对基材厚度、基材物理性能、机械强度进行试验和评价。

模块本体制造精度和模块表面加工质量精细度，采用精密仪器进行测量和评价。例如，模块表面图案的精细度、涂层厚度、表面色差等，采用电子仪器或光学仪器进行检测。

模块表面抗腐蚀性能，采用盐雾试验或酸碱侵蚀试验进行评价；抗老化性能，采用模拟阳光光照试验设备或紫外线照射设备进行试验评价。

3. 功能模块实验性质量评价

对功能模块进行实验性质量评价的主要指标包括两个方面：一方面是电器产品的安全指标，另一方面是功能模块的性能指标。

功能模块产品的电气安全指标，对所有类型的功能模块产品具有共性，也是产品通过国家强制性安全认证时所必须检测合格的质量指标。

主要包括：产品额定输入功率、产品工作时自身发热及其对周围环境的影响、人易触及产品外壳的漏电流、产品耐高压击穿的电气强度、接地保护可靠性、产品损坏时的安全性能，等等。带有电动机、变压器或者其他电气绕组类的产品，还要进行电磁兼容性能检测。

对功能模块产品电气安全指标合格性判定，可以通过查阅该产品安全认证证书和认证指定检测机构提交的检测报告进行确认。

功能模块的性能指标，主要是指该模块的具体功能特征。例如，照明模块主要是指照明功率、照明亮度、照明亮度衰减等；加热模块主要是对加热功率、加热性能（往往以单位时间热温升值评价）、抗老化性能等进行测试和评价；换气模块，主要是对换气风量、风速、工作噪声进行测试和评价。针对每一功能模块的具体性能指标，可以通过查阅模块上的产品铭牌或查阅该产品说明书进行了解。

制造商在研发和批量生产时，通常要对功能模块的性能指标作自行检测，政府执法部门和认证机构也会对生产商进行不定时监测抽检，以监控产品质量。对生产商自检有疑问时，可以委托第三方专业检测机构进行检测和评价。

4. 电气配件的电气性能质量评价

（1）取暖器需符合以下标准。

GB 4706. 1—2005；

GB 4706. 23—2007；

GB 4706. 27—2008。

（2）荧光灯照明灯具需符合以下标准。

GB 7000. 202—2008；

GB 7000. 1—2007；

GB 17743—2007；

GB 17625. 1—2003。

（3）换气类电器需符合以下标准

GB 4706. 1—2005；

GB 4706. 27—2008；

GB 4343. 1—2009；

GB 17625. 1—2003。

（4）集成吊顶综合类标准

在编《建筑用集成吊顶》；

GB/T 23444—2009《金属及金属复合材料吊顶》；

GB/T 26183—2010《家用和类似用途多功能吊顶装置》。

（5）电气配件属于电工电气产品行业，其质量要求应符合相关国际电工标准和行业标准，具体评价方法请参阅相关文献和书籍，这里不作详细介绍。

第4章　集成吊顶的安装

4.1　集成吊顶具体安装施工流程

（1）吊顶模块及附件的准备

安装工按照原辅材料明细单清点好扣板、电气面板、电气组件、膨胀螺钉、螺杆、大吊件、主龙骨、主龙骨接件、三角龙骨、三角龙骨接件、三角吊件、收边条等相关吊顶附件的型号、规格、数量。

（2）工具准备

安装工备好安装所需的玻璃钻、冲击钻、钢锯、锉刀、砂轮机、螺丝批、扳手、橡胶锤等安装工具。

（3）安装辅助材料准备

安装工同时准备导线连接的电工胶布、铁钉、AB胶、松香水等安装所需的辅助材料。

（4）检测设备的准备

安装工准备铅块、数字千分尺、试电笔和万用表、接地电阻仪、温度计、光度计、靠尺、塞规等检测设备。

4.2　安装

1. 用户验收物料

用户根据“原辅材料明细单”验收集成吊顶模块的数量、包装完整性、使用说明标识情况与安装附件的数量和生产厂家的真伪，在原辅材料明细单上签字，并对产品、附件的防锈进行验证。

2. 收边条的安装

先用玻璃钻将瓷砖打出孔，然后用冲击钻钻孔，在孔中钉入膨胀螺钉或木块，用钢锯切出所需收边条尺寸，后用锉刀修整，房间四周的收边条用铁钉钉牢，对于四角有异形的用AB胶粘牢，安装收边条应保持平整，不得有倾斜。示意如图4-1、图4-2所示。

图4-1　预钉入膨胀螺钉或木块

图4-2　安装收边条

3. 丝杆吊架的安装

（1）剪切螺杆及预装膨胀螺钉和大吊

用砂轮机切割出所需尺寸的螺杆，并在砂轮上倒角，将膨胀螺钉及大吊件用螺母固定在螺杆上。示意如图4-3、图4-4所示。

图4-3　切割螺杆

图4-4　预装好的螺杆

（2）安装螺杆

用冲击钻在墙体上钻出膨胀螺钉安装孔，为保证吊顶的平整与牢固，膨胀螺丝孔距离不应大于2m，将膨胀螺钉放入预制的孔内并用扳手将之拧牢。示意如图4-5所示。

（3）切龙骨并预装三角吊件

按房间尺寸切割出所需尺寸的龙骨，在三角龙骨上预装上三角吊件。示意如图4-6所示。

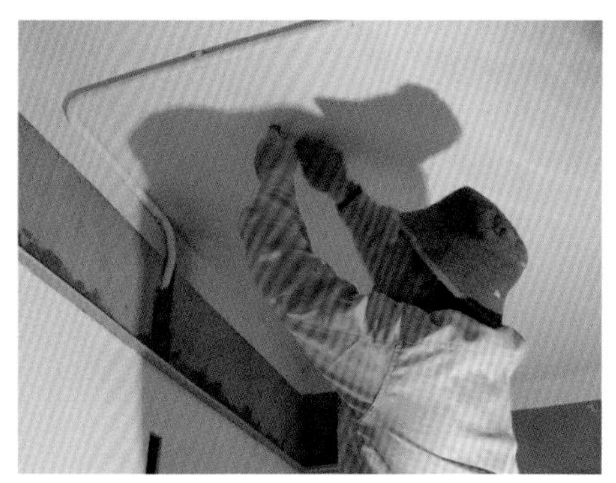

图4-5　安装螺杆

图4-6　向三角龙骨上套吊件

（4）布置龙骨结构

要求每根主龙骨至少需由两个以上的大吊件将其固定，将三角龙骨用三角吊件挂在主龙骨上，每根三角龙骨至少需由三个以上三角吊件将其固定。固定好主龙骨和三角龙骨后，调整主龙骨的高度使之与地面平行。示意如图4-7、图4-8所示。

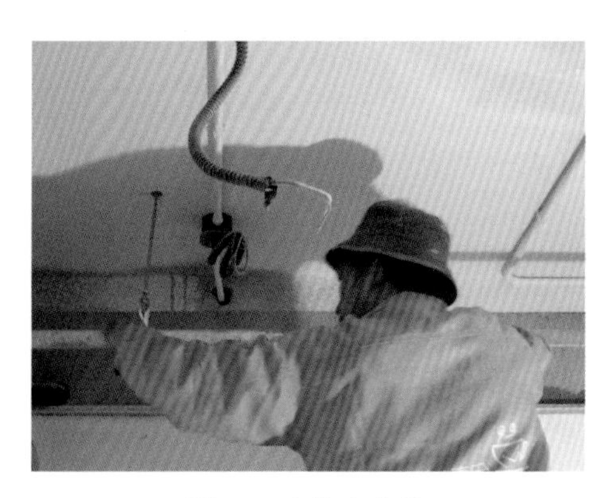

图4-7　安装主龙骨

图4-8　安装三角龙骨

4. 检验

安装人员按照《用户验收指南》的要求对承重、防松项目进行检验，用户确认。

5. 主机的安装

将电气组件按说明书上的安装方法安装在龙骨或天花顶面上，确保电气组件安装牢固。

（1）电源接线

按照说明书的要求正确连接电源与产品、控制开关的刀线；完成后按照说明书的要求进行试运行，正确接线，保证各功能的正常实现。

（2）检验

安装人员按照《用户验收指南》的要求对电气安全等项目进行检验，用户确认。

（3）天花扣板的安装

①先撕去扣板保护膜，将扣板卡接入三角龙骨；边角上的扣板需切掉和收边条接触的折边，收边条与扣板需结合平整，不得有大于0.1mm的缝隙。示意如图4-9、图4-10所示。

图4-9　撕去扣板保护膜

②调整铝板间隙

用橡胶锤或者其他材质较软的物体敲打扣板，调整两块扣板之间的间隙，保证两扣板之间间隙不得大于0.2mm。示意如图4-11所示。

③清洁

用干净的布擦拭吊顶扣板，使之清洁，如扣板上有其他油污，可用松香水进行擦拭。

（4）集成吊顶的验收

目前，住房和城乡建设部已确定将集成吊顶产品安装、验收技术规范写入《公共建筑吊顶工程技术规程》，这标志着今后消费者和用户对吊顶的安装是否符合要求有了法律性的依据文件，不再是只听厂家的意见。

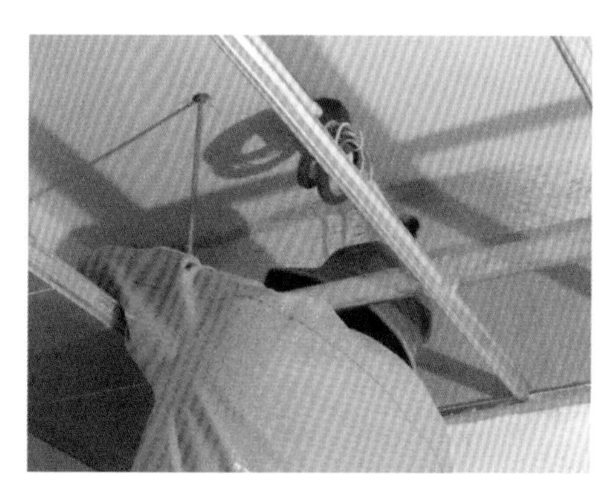

图4-10　安装扣板

图4-11　调整扣板间隙

第5章　集成吊顶工程

5.1　正确认识工程项目

自2005年底，“友邦”集成吊顶进入市场后，家庭式厨卫吊顶就受到社会各界消费者的好评。当然，要扩大集成吊顶的应用领域，走向工装是必然之路。目前，大型公共场所的吊顶大多没有进行集成，天花主要以天花工程厂家提供的产品为主，电器、灯饰等其他方面则由电器厂家供应，彼此之间没有形成很好的配套，不够系统。如果现在的工程吊顶能够采用集成系统的话，相信整个建筑空间会更加理想化，也会得到大多数室内设计师的认可和采纳。所以说，集成吊顶走向工装，将大大改变这个行业目前的局面。

5.2　工程项目的分类

1. 大型公共建筑

新兴起的高铁、机场、地铁、车站、会展中心等建筑群体。

2. 中小型公共建筑

医院、学校、政府单位、宾馆、酒店、商贸城、企事业单位等。

3. 民用建筑

高级住宅（别墅、公寓）、写字楼、娱乐场所等。

5.3 工程吊顶的品类

1. 常规产品A（方板、条板）

（1）方板一般分为明骨和暗骨两种

①明骨也称跌级板系列，是由板材与主副龙骨组合成的产品，安装后能够显示龙骨，最常用的是带黑槽的龙骨。板材选用合金牌号为1100或3000系列标准铝材，铝材厚度一般在0.6～1.5mm之间，采用平面、多种图案冲孔，冲，孔产品背后衬以0.65～0.8mm的吸音无纺布，表面经过聚酯粉末、辊涂、覆膜或阳极氧化等处理，可根据业主需求进行选择，主要规格为300mm×300mm、350mm×350mm、350mm×700mm、300mm×1200mm、600mm×600mm、600mm×1200mm等。由于折边高度不高，要求加工好的产品与龙骨必须形成配套，因此二者对板材材质要求非常高。这类产品是装饰大厅、会议室、商场、银行、商务及办公场所的理想材料。

②暗骨方板主要是以三角龙骨夹入式系统、A字龙骨夹入式系统进行安装的隐藏龙骨的吊顶产品。与明骨方板不同，其折边高度一般在2～30mm不等，主要规格有100mm×100mm、100mm×300mm、100mm×600mm、150mm×600mm、300mm×300mm、300mm×450mm、300mm×600mm、300mm×1200mm、400mm×400mm、500mm×500mm、600mm×600mm、600mm×900mm、600mm×1200mm、800mm×800mm等，根据业主要求也可做成600mm×1500/2400/3000mm等长度不等的产品。此类产品多适用于学校、医院、厂房、写字楼等公共场所，是工程产品中市场需求量较大、较普通的产品之一，不过目前产品能够达到建筑行业标准化的生产厂家不多，比如在选用铝材级别、产品平直所需设备、液压机的液压重量、龙骨配套等环节上，要达到优良等级，还有很远的一段路要走。这类产品如果能像家装厨卫吊顶一样，按照集成模式推向市场，效果会更好。

（2）条板

①C形扣板

此类产品一般为室内使用。条形扣板和方形扣板不同，方形扣板的长度是标准尺寸，而条形扣板的长度可根据需要随意裁切，长度处于

6000～12000mm之间不等。条形扣板要比方形扣板更有空间视觉感，如果能够结合电器产品进行集成，在工程上将会比方形产品更具优势。这类板材在选用材质方面十分讲究，质量有问题的铝材，板材表面就容易出现波浪，从而影响装饰后的空间效果。

此类产品主要规格有C25、C50、C75、C100、C150、C200、C300等，多为辊涂产品，可单色、双色或多色进行搭配。条形扣板产品的龙骨安装可采用间距性分配，一般间距会在700～1200mm不等。C形扣板主要以液压成型或连续辊压机械成型方式进行生产。产品主要应用于会议室、酒店通道、房间过道、厨卫吊顶等空间。

②S形防风高边扣板

这类产品主要应用于室外，产品与龙骨紧密结合在一起，起到防风作用。因为S形扣板一般用于加油站，高速公路的收费站，海边腐蚀性较强的酒店、公寓等建筑场所，因此，S形扣板选用铝材时同样要十分注意。此类板材选用合金牌号为300系列及以上的标准铝材，铝材厚度一般在0. 6～1. 5mm之间，采用平面和多种图案冲孔的形式，表面采用聚酯漆、氟碳漆、辊涂（0. 02～0. 035mm）方式进行处理。板材两头进行模具折弯双扣，与150板材接件再加A字龙骨配套，使整个空间形成一体。其主要规格为S200mm和S300mm，长度一般在6000～12000mm不等，配套使用加大型镀锌龙骨，厚度在0. 7～1. 0mm最为理想。S形扣板是目前建筑市场中理想的吊顶产品之一，也是自2008年以来取代原H形密拼式扣板的理想产品，其解决了原材料的安装难、维修难等问题。

③B形留空式扣板

这类扣板基本与S形扣板差不多，主要应用于高铁站和机场。一般每两支板之间会有10～20mm的缝，这主要是根据这类大型公共交通场所的需求进行设计的。这类产品生产要求比S形扣板还要高，一般长度在8000～12500mm之间，且四边都要折边，因此对生产企业的机械设备精密度和技术先进程度有很高的要求，B形扣板选用合金牌号为3000系列及以上的标准铝材，铝材厚度一般在0. 6～1. 2mm之间，采用平面、多种图案冲孔等形式，表面采用氟碳漆、进口漆辊涂（0. 02～0. 035mm）进行处理。产品安装采用吊装式方法，龙骨与板、吊件紧密连接起到防风能力。

④其他条形扣板，型号规格有R85、U135、G100、G150、G200、G300等。

2. 常规产品B（格栅、垂片、方通、圆通及其他）

（1）格栅

产品特点：在结构上主副骨纵横分布，层次分明，立体感强，造型新颖，防火防潮，通风好，可安装任何规格的灯具。还可与其他类型天花搭配，结构严谨，色彩斑谰，历久如新。

铝材：铝材厚度一般在0. 3～0. 8mm之间。

组成：由主骨和副骨，一般每支长度在2000mm。

型号/规格：T10H40/45/50、T15/45/50/60、T20/60/70/80/90等。

间距：50mm×50mm、75mm×75mm、100mm×100mm、125mm×125mm、150mm×150mm、200mm×200mm、250mm×250mm、300mm×300mm等。

表面处理：表面采用静电普通粉末、聚酯粉末（0. 06～0. 1mm）、聚酯漆、辊涂（0. 02～0. 035mm）、覆膜等处理。

适用场所：消防要求较高的购物商场、公共场所、地铁站、休闲场所等。

（2）垂片：（插入式、防风式）

形状：长条形。

板材厚度：0. 5～1. 2mm。

表面处理：表面采用静电普通粉末、聚酯粉末（0. 06～0. 1mm）、聚酯漆、辊涂（0. 02～0. 035mm）、复膜等处理。

制造工艺：模具成型/连续辊压成型。

常用规格：PH75/100/125/150/200、GH75/100/125/150/200、SH75/100/125/150/200等，特殊规格可定做。

安装方法：插入式或防风式龙骨安装。

（3）方通：普通方通和型材方通

形状：长条形。

材质：AA级H24#1001或3003标准铝材。

板材厚度：0.5～3.0mm。

表面处理：表面采用静电普通粉末、聚酯粉末（0.06～0.1mm）、聚酯漆、辊涂（0.02～0.035mm）、覆膜等处理。

制造工艺：模具成型、模具连续辊压、数控折弯或铝锭挤压。

常用规格：T25H60、T30H80、T40H100、T50H100/T30H70、T30H80、T40H80、T30H100、T25H100等，特殊规格可定做。

长度：7000以内。

（4）圆通

形状：圆形＋长条形。

材质：AA级H24#1001或3003标准铝材。

板材厚度：0.6～1.0mm。

表面处理：表面采用静电普通粉末、聚酯粉末（0.06～0.1mm）、聚酯漆、辊涂（0.02～0.035mm）等处理。

制造工艺：铝锭挤压。

常用规格：⊄50。

长度：7000mm以内。

第6章　集成吊顶的推广与应用

随着国民经济的日益增长，人们对人居环境和质量提出了越来越高的要求，特别是21世纪以来，整体化、集成化装修在人居环境各个领域的不断发展和提高，促使整体风格设计、主题装修等整体家居装修迅速发展起来，使其成为了人居环境建设的主流装饰。集成吊顶行业也凭借着环保、集成化、结构安装简易、有针对性的整体风格设计、标准化生产、完整的一体化解决方案、完善的售后服务等一系列优势逐渐在建材市场大受青睐，并且在各厂商不懈努力的创新与突破下，集成吊顶行业也已经从原来简单单一厨卫吊顶发展到了如今的全房吊顶的多元化应用。

集成吊顶产品诞生以来，取得了人们普遍的认同和接受，在已经安装集成吊顶的用户和家庭当中深受好评，所以，在我国大力推广集成吊顶已经势在必行。不过，由于集成吊顶行业尚处于起步阶段，其产品要完全与现代流行装饰相匹配还需要继续突破与完善，在以后的发展过程中，我们要努力解决这些主题风格装修中存在的问题和缺陷，以利于集成吊顶行业的快速、持续、健康发展。

6.1　现代流行装饰对建筑吊顶的需求促使集成吊顶将完全取代传统吊顶

现代装饰已经完全走上与国际接轨的多元化装修之路，在实用、视觉舒适度和使用感受上基本满足功能需求后，力求创造更加舒适的高品质家居环境。各类型的风格装修、整体配套意识正日益加强，各种不同的色调式样和环境风格，例如：整洁的现代风格、华丽的复古风格、前卫的摩登风格、朴实的田园风格等，都展现了丰富的色调和造型的质感，达到了人居环境的整体和谐，满足环保健康、整体配套、光环境营造等人性化需求，并对人居建筑吊顶提出更高的要求。

1. 环保健康需求

当前追求环保健康的生活已成为全球性的话题，环保装饰正在兴起，人们开始尽量使用清洁能源、可再生资源、低能耗、无辐射绿色环保的产品或材料，对有污染、辐射、严重消耗地球资源的非环保产品和材料说不，集成吊顶采用高纯铝合金作为主材，完全符合环保健康需求。

2. 特色造型、色调需求

人居建筑内无论哪种主题环境、装饰风格，都要力求在造型、色调、布置等主要感观构件上实现高度的整体统一与和谐，才能营造出高质量的生活环境。这就对传统建筑吊顶的工艺造型、色调氛围营造等方面提出了更高的要求，不仅使其在安装施工中的难度大幅度增加，而且色调的表现也成为了传统建筑吊顶不可逾越的障碍。而在集成吊顶产品的生产系统中，风格造型、色彩表现则是集成吊顶构成的研发基础，集成吊顶能够轻松的实现各种造型与色调的特色需求，完美解决这一难题。

3. 营造完美的光环境与建立灯光系统的需求

现代装饰离不开完善、合理、和谐的光环境营造，而光环境营造绝大部分又集中在建筑吊顶上完成，主照明、局部照明、辅助照明、重点照明、环境光照明等照明系统集成统一是人居环境设计的一大重点，集成吊顶对这方面的表现堪称完美，完全能够满足灯光环境集成的需求。

4. 整体配套，一体化解决方案需求

随着社会分工越来越明细，工业化程度不断提高，人们对人居环境建筑装饰材料的需求也逐渐走上高度集成化的现代工业产品之路，比如整体橱柜、整体衣柜的定制就是这一需求的产物。建筑吊顶也将满足这一需求，走进定制吊顶的行列。集成吊顶以其较高的标准工业化程度，集照明、换气、取暖、吊顶等多种功能于一体，不仅对功能适用产品有充分的集成度，而且以美学的设计满足人居环境的整体风格装饰，此外，集成吊顶还具有完善的售后服务体系以及便捷的快速安装等诸多传统吊顶无法比拟的优势。

6.2 集成吊顶行业发展现状

1. 集成吊顶行业发展基础

（1）工业大发展，工艺不断进步推动集成吊顶行业快速发展

改革开放以来，我国提倡科技兴国，工业得到飞速的发展，铝合金这一可回收再利用的资源在现代人居环境建设中得到充分的利用，特别是金属表面处理工艺的不断完善，让铝合金制品展现的不再只是冷硬银白金属色，而是可以呈现出各式各样的绚丽色彩，并且可对这些颜色进行随心的组合，再加上铝制品的质轻、可塑性强、环保健康、可再回收利用等特点，更有力的推动了集成吊顶行业的快速发展。

（2）国家大力推进保障性住房、完善房地产市场拉动集成吊顶行业发展

国家为改善人们生活水平，大力发展房地产经济，推动人居有其屋的小康生活建设，大力推进保障性住房等措施拉动了建材行业的发展，集成吊顶作为建材行业中的有机组成部分同样也将得到最大程度的发展。

（3）完善的商业体系保障集成吊顶行业的发展

随着社会分工的不断明细，商业体系越来越完善，商品从研发、生产到消费者最终使用所需要的销售周期走向短、平、快的黄金时期，特别是快速的信息传播让消费者能够第一时间获得消费需求的信息，销售渠道的多样化让消费者能够随心所欲轻松选购所需商品，完善的售前、售中、售后服务等系统的商业体系同样也保障集成吊顶这一新兴行业的发展和完善。

2. 集成吊顶行业发展面临的问题和困难

尽管集成吊顶产品销售逐年上升，但集成吊顶行业正处于发展的初步阶段，各种构件及细节配置还未标准化，集成吊顶的部分应用还不能完全满足建筑用吊顶的所有需求，与集成吊顶相关的标准、规范、施工工艺等还没有正式出台，部分集成吊顶生产企业缺乏技术创新和突破，产品同质化严重，品牌化程度不高，规模化程度不高，甚至出现恶性竞争这种扰乱市场秩序的现象。这些问题都亟待解决。

6.3　集成吊顶推广

有了独有的品牌特色产品后，按照预定的产品推广计划进行系统的产品推广步骤，让产品通过销售通道转变为商品，并且快速进入人居建筑。

1. 妥善利用信息传播平台，进行品牌、产品信息传递

信息传播平台是品牌和产品宣传的传递窗口，可使用的平台包括：电视、报纸、户外广告、行业门户网站、建材门户网站、各建材论坛、企业官方网站、微博、相应的建材购物网站以及企业的品牌宣传资料等。

2. 打造自身品牌，建立标准、完善的销售终端

为打造出良好的自有品牌，要加强自身团队建设，制定完善的品牌终端VI识别系统，传播优秀的品牌、产品形象，坚持每一个专卖店的建立必须先经过总部的整体设计，并对建立后的专卖店进行系统的培训，加强管理、设计、服务等细节培养，使之成为品牌、产品形象的外延宣传窗口。

3. 拓宽终端销售通路，加强合作销售途径建设

现代销售除了走出去还要学会合纵连横，要通过与现代装饰公司、人居装饰设计师、异业联盟等多途径的合作多多开发销售渠道，学会借势、借力销售，从而达到更理想的销售推广效果。

4. 与政策对接，借国家人居工程建设达到销售最大化

加强自身产品特色、竞争力建设，关注国计民生工程，抓住保障房、经济适用房等建设工程销售机会。

集成吊顶的前景广阔，“十二五”期间的大量保障性住房建设，各地风起云涌的商品房建设和新农村的自建房建设等，均为集成吊顶提供了十分广阔的前景。随着社会的发展，集成吊顶产品在未来的发展中必将更加完善和丰富，完全可以满足未来的人居环境建设的建筑吊顶多样化需求。如今，集成吊顶经过前期的初步发展，已经形成一定的行业规模，涌现出一批优秀的集成吊顶研发、制造、销售、服务的骨干企业。同时，行业协会已成功设立，行业、国家标准正在起草当中，集成吊顶正在朝着健康可持续的发展道路积极前行。

第7章　典型案例精选

7.1　浙江友邦集成吊顶股份有限公司

参考网址：www. chinayoubang. com

案例1

产品名称：友邦集成吊顶泊系列之丹麦星光。

产品分类：家装集成吊顶。

模块构成：基础模块板材、耐乐士修边条、天穹电器集成系统、龙骨、辅件。

尺寸型号：基础模块板材型号N0550（规格：300mm×300mm）、修边条型号B014（规格2700mm）、天穹编号030599115（规格：1200mm×250mm）。

产品特点：泊系列为友邦2012年原创新品，独家采用航空级特种高分子材料耐乐士，具有卓越阻燃性能，耐酸碱，长久使用不黄变等优点。耐乐士板的强力可塑性可以轻松实现对吊顶造型的各种设计，令室内空间灵动而富于变化，空间层次感突出。本款造型简洁干练，完美分割的几何图形，映衬着星光般闪耀的纯白光泽。

适用空间：厨卫、客厅、墙面均可应用。

价格定位：600～1500元/m^2。

案例2

产品名称：友邦集成吊顶　泊系列之丘比斯。

产品分类：厨卫集成吊顶。

模块构成：基础模块板材、LED照明、天穹电器集成系统、龙骨、辅件。

尺寸型号：基础模块板材型号N0557、N0558（波浪）（规格：400mm×400mm）、LED照明型号P615LD-1（规格：150mm×600mm）、天穹编号030599115（规格：1200mm×250mm）。

产品特点：本款产品的波浪造型突破常规，令空间富有灵气，同时巧妙地遮掩顶部空间的错层、横梁，使空间利用率大大提高，营造唯美、清爽的现代家装风。

适用空间：厨房、卫生间。

价格定位：600～1500元/m^2。

7.2 浙江鼎美电器有限公司

参考网址：www. dinmei. com

案例1

产品名称：鼎美法兰格调系列吊顶。

产品分类：集成吊顶-卫生间吊顶。

产品构成：DM-ZF1照明灯、DM-D-30F取暖器、DM-FB-1F换气扇、D3F枫华扣板模块、龙骨、配件。

尺寸型号：300mm×300mm。

产品特点：鼎美集成吊顶法兰·格调——枫华，采用4色OAR绸缎丝面工艺和马赛克浮凸立体造型工艺，将具有浓郁怀旧气质的枫叶以简单、柔和的线条造型和产品表面表现出来，把物与人的自然亲和之感体现的淋漓尽致。它不仅给居室增添了几分神秘感，而且使居室显得别具雅致而又富丽堂皇。

适用空间：厨卫吊顶空间。

价格定位：300～600元/m^2。

案例2

产品名称：鼎美爱丽舍系列吊顶。

产品分类：集成吊顶-卫生间吊顶。

产品构成：DM-Z-ALS02照明灯、DM-NT-ALS01碳纤维取暖器、DM-FA（Z）-ALS01换气+照明、ALS-B01格调扣板模块、ALS-01淡雅扣板模块、龙骨、配件。

尺寸型号：300mm×484mm，100mm×484mm。

产品特点：鼎美爱丽舍系列集成吊顶，采用PVC深浮雕膜压工艺和HP真彩镀色工艺，将飘逸流畅的线条叠加、简洁明快的几何散落，与柔和的光线完美结合，使空间有机的流动，在整个顶部空间的平衡与对比中，让人感受生活的轻松与浪漫。

适用空间：厨卫吊顶空间。

价格定位：500～1000元/m^2。

7.3 宝兰电器有限公司

参考网址：www. baolan. com

案例 1

产品名称：宝兰集成吊顶　金色时光系列。

产品分类：家居集成空间。

模块构成：扣板名称900雕刻木纹（320mm×900mm），收边条型号JX-10（开槽）、横梁型号：HL-01，电器模块及附件。

产品特点：扣板基材为铜材质，表面进行雕刻拉丝处理，外加喷涂浅金色清漆，蚀刻设备及喷涂设备均选用世界顶级品牌，用汉高的前处理药水进行表面处理，阿克苏的油漆进行喷涂，喷枪则是法国进口的专利喷枪产品。横梁进行木纹转印与扣板的木纹雕刻浑然一体，给人以自然、高档的视觉感受。

适用空间：厨卫集成空间。

价格定位：3000～4000元/m^2。

案例2

产品名称：宝兰集成吊顶　东南亚风格。

产品分类：家居集成空间。

模块构成：东南亚扣板模块（由茶色亚克力与木纹装饰框组成），东南亚1号收边条，东南亚2号收边条，电器模块及附件。

产品特点：宝兰集成吊顶摒弃原先销售模式，集成吊顶采用定制式，可以根据顾客需求进行产品的订做与开发，东南亚风格的装饰模块将茶色亚克力板经数控铣床进行雕刻镂空处理后，背面复合具有颜色对比度的浅咖样板，从而以突显雕刻花纹，周边配以木纹转印的铝型材装饰框，装饰框摒弃原有焊接工艺，用角码进行拼接固定，平整且缝隙更加细微。此吊顶为双层集成吊顶，且表面进行雕刻镂空及烤漆处理。

适用空间：客厅空间。

7.4 浙江凌普电器有限公司

参考网址：www. cnlingpu. com

案 例 1

产品名称：凌普吊顶之全能造型吊顶。

产品分类：集成吊顶。

产品构成：高边造型模块、能动力超强风暖系统、能动力海量换气系统、LED绿色照明模块、雕花照明模块、横梁造型模块、射灯模块、立体造型扣板模块。

尺寸型号：300mm×300mm，150mm×600mm，75mm×600mm，300mm×600mm。

产品特点：采用优质原生铝镁合金，硬度与柔韧性完美融合。采用进口处理工艺使釉色更加精密，拥有4倍防腐防尘，完美解决了健康与美学的冲突。能动力超强风暖系统360度温暖大空间浴室，机体分离实现随意搭配风格，使艺术和功能完美融合。能动力海量换气系统独家翼形风叶，最小化空气阻力，超强静音。

适用空间：家居全空间（客厅、卧室、餐厅、厨房、书房、走廊）。

价格定位：约400～2000元/m^2。

案例2

产品名称：凯迪拉系列。

产品分类：集成吊顶。

产品构成：双核动力模块、双核动力光波取暖模块、送风清爽器、智能空气检测模块、智能风暖模块、LED照明模块。

尺寸型号：300mm×300mm，300mm×480mm，300mm×600mm。

产品特点：面板采用进口钛银拉丝板融合酷黑色，极简中流露出低调的奢华。双电机创新结构设计，双核动力充满智慧的灵性。为生活创造意想不到的惬意。风暖采用空调型发热机芯，衰减小，制热快，360度内循环无死角风暖，全心呵护家人健康。照明灯采用GPPS柔光板，透光性好，光线柔和温婉，永不变黄。让您放心纯享绿色生态空间。

适用空间：厨卫空间。

价格定位：约200～1500元/m^2。

7.5 佛山市巴迪斯新型建材有限公司

参考网址：www. bardiss. com

案例1

产品名称：巴迪斯集成吊顶。

产品分类：集成吊顶-全屋吊顶。

产品构成：金砂岩系列、美釉系列、精工系列、纹理系列四大系列，照明、取暖、换气三大功能电器模块，筒灯照明模块、射灯照明模块、铝幕墙、异型天花、吊灯及龙骨、配件。

尺寸型号：300mm×300mm、300mm×450mm、300mm×490. 5mm、300mm×600mm、327mm×327mm、327×490. 5mm、163. 5mm×654mm（非常规系列产品，可根据实际要求定制生产）。

产品特点：采用原生态铝板作为制造基材，引进了国外最先进的抛釉、氧化微雕、光子氧化等先进复杂工艺，产品经过折弯、滚弧、焊接、打磨、喷涂、氧化等36道工序精致而成。

技术特点：巴迪斯采用行业独创、领先的“抛釉工艺”、“氧化微雕工艺”、“光子氧化工艺”等高端表面处理工艺打造出极致精美全屋吊顶，实现了美仑美奂的空间视觉立体效果，彰显雅致、奢华与高贵；配合巴迪斯独享专利技术的高级吊顶以及照明系统，实现了空间艺术与光效艺术的和谐统一，于凹凸有致的纹理间突显精湛的工艺，让整个空间

肆意流淌着健康、时尚、浪漫、温馨的艺术气息。

适用空间：家居全屋定制吊顶空间（尤其适用于厨房、卫生间、卧室、客厅、阳台），学校、商场、医院、银行、机场、地铁站等。

价格定位：300～2000元/m^2。

7.6 品格卫厨（浙江）有限公司

参考网址：www. pogor. com/index. aspx

案例1

产品名称：品格健康卫厨顶　石尚系列之帝黄玉。

产品分类：集成吊顶——卫厨吊顶。

产品构成：健康吊顶模块、LED健康照明模块、锐风风暖模块、负离子新风换气模块、龙骨、配件。

尺寸型号：305mm×493mm×0. 5mm、305mm×493mm×1. 35mm、305mm×493mm×1. 38mm、305mm×493mm×1. 38mm。

产品特点：采用行业领先的三色阳极氧化工艺处理，并经表面压型一次成型，色彩真实鲜艳，纹路清晰，抗刮耐磨。色彩表现上既有黄玉的温润高贵，又兼具黄木的质朴亲和，奢华却又亲切。适合与暖色系的瓷砖或地砖搭配。

适用空间：家居卫厨空间。

价格定位：400～1800元/m^2。

案例2

产品名称：品格健康卫厨顶　石尚系列之藏峰石。

产品分类：集成吊顶——卫厨吊顶。

产品构成：健康吊顶模块、LED健康照明模块、锐风组合式浴室空调、龙骨、配件。

尺寸型号：305mm×305mm×0. 5mm、305mm×305mm×1. 35mm、305mm×915mm×1. 8mm。

产品特点：采用行业先进丝印工艺，一次压型，触感细腻，具有较强的层次感。风格表现上，米黄的底色，淡雅之中透出一丝暖意；经由咖啡色粗线条的随意勾勒，使整块扣板顿显沟壑；仿佛置身黄山之巅，看云雾纠缠群山，群山隐去峥嵘，只露头角。与众多消费者喜欢的米黄色瓷砖完美搭配。

适用空间：家居卫厨空间。

价格定位：400～1800元/m^2。

7.7 海盐法狮龙建材科技有限公司

参考网址：www. fsilon. com

案例 1

产品名称：法狮龙时尚吊顶——普罗旺斯系列。

产品分类：法狮龙家居吊顶。

产品构成：普罗旺斯模块、塞尚系列模块、尚层空间、晶珑、射灯、龙骨、配件。

尺寸型号：模块318mm×318mm，电器318mm×742mm。

产品特点：普罗旺斯方型美学力的镂空点缀，充满了艺术性，更兼具了装饰上的美学和功能上的实用性，面板上那相依的曲线，仿佛随着音乐的节奏在舞动，舞出了一室的华美，多种组合表现方式，配合空间及玲珑水晶灯更具立体效果。

适用空间：家居空间。

案例2

产品名称：法狮龙时尚吊顶——鸿运系列。

产品分类：法狮龙家居吊顶。

产品构成：鸿运模块、鸿运换气、鸿运照明、鸿运取暖、角线、龙骨、配件。

尺寸型号：159mm×238.5mm、318mm×238.5mm、159mm×238.5mm。

产品特点：鸿运系列开创吊顶空间新格局，小模块，大功能，取名鸿运，因其型，由其意。“鸿”本意为“雁“，引申意为“大”。鸿运的重点在其组合性，空间性上的大突破。主张最简创造最美，其独特的立体感，精致的外形设计，为你带来别样的视觉、感官效果和完美的使用体验。

适用空间：家居空间。

7.8 浙江奥华电气有限公司

参考网址：www. ouraohua. com

案例1

产品名称：奥华生态集成吊顶（格里克原系列）。

产品分类：集成吊顶——全房定制吊顶。

产品构成：钛铝型材边框、吊顶模块、LED照明模块、空调型取暖器、龙骨、配件。

产品特点：采用自主研发并拥有国家专利的太铝型材边框，搭配独家开创的“钢琴烤漆”高端表面处理工艺，打造出色彩稳定的吊顶模块；利用不断重复的360mm的尺寸来吻合电器功能模块随意安装的需求，通过尺寸的微妙变化与功能的优化，带来完美的平衡尺度与卓越的自由呼吸功能。

适用空间：家居全房定制吊顶空间。

案例2

产品名称：奥华生态集成吊顶（雍系列）。

产品分类：集成吊顶——全房定制吊顶。

产品构成：钛铝型材边框、吊顶模块、LED照明模块、空调型取暖器、龙骨、配件。

产品特点：奥华生态集成吊顶（雍系列）的设计理念来自宫廷贵族奢华气质与现代实用风格设计元素的完美结合，其华贵的纹理与银色的钛铝型材边框相互搭配恰到好处。

集成了自主设计的第五代空调型取暖器、LED照明、智能感应换气系统以及控制系统。通过对功能的系统化整合，针对室内微环境的湿度、温度、照度、空气流通以及装饰一体化搭配等，进行系统化的设置，从而使室内环境达到健康、舒适、节能的生态人居环境。

适用空间：家居全房定制吊顶空间。

7.9 广州市欧斯龙建材科技有限公司

参考网址：www. ousilong. com

案 例 1

长春城建学院游泳馆

从化电信

长春城建学院游泳馆：采用H24国际标准铝材，板材以设计师要求进行弧度造型生产及专业技术安装。板材自身采用数控全自动进行冲孔，孔距的排布与场馆内空间大小成正比，吸音纸采用进口阻燃系列产品，达到DIN标准4102/B1的各项要求。产品表面处理采用进口聚酯粉末，正常使用6年以上不变色，而且更适宜于室内游泳等项目吊顶使用。

案例2

巴西机场（一）

巴西机场（二）

巴西机场：产品采用组合式型材与专用配件搭配而成，铝材应用国际标准H24-3003系列，表面采用阿克苏粉末。产品最大特点是：型材长条板为白色，而板材两端的主轴及相应配件表面黑色粉末处理，使组合产品在安装后从地面往上看有着黑白鲜明对比，也是全球国际机场中其他国家使用不多的产品组合之一。

7.10 浙江来斯奥电气有限公司

参考网址：www. laisiao. com

案例1

产品名称：LSA来斯奥凡德罗系列吊顶。

产品分类：集成吊顶——卫生间吊顶。

产品构成：Z3121VD方照明、N3141VD单风暖、H3131单换气、V703仿砖扣板模块、龙骨、配件。

尺寸型号：315mm×315mm。

产品特点：此款风格的灵感来自于后现代主义建筑风格的世界级大师“少即是多”的理念，全系列采用内嵌式高边钛铝合金功能窗，耐用、美观、质感强，电器与扣板融于一体，尽显集成之美。

适用空间：厨卫吊顶空间。

价格定位：300～600元/m^2。

案例2

产品名称：LSA来斯奥克林特系列吊顶。

产品分类：集成吊顶——卫生间吊顶。

产品构成：Z3131FD方照明LED、S6382FD热舞风暖三合一、H3121FD单换气、31-C515\31-C516黄檀花叶扣板模块、龙骨、配件。

尺寸型号：315mm×315mm。

产品特点：纯粹朴实的传统艺术，融合宁静自然的现代风格，加上富有浓郁北欧情调的设计，仿佛超越了物的范畴，成为具有活力的生命载体。全系列采用钛铝紫金细边框，独具风格面板，与同色板材搭配，整顶一体化更易融入家装风格。

适用空间：厨卫吊顶空间。

价格定位：300～600元/m^2。

7.11 嘉兴市今顶电器科技有限公司

参考网址：www. cnkind. com

案例1

产品名称：今顶集成顶　东方神韵之水墨江南系列。

产品分类：集成吊顶——厨卫吊顶。

产品构成：实木造型扣板模块、强劲超静音换气系统、高效光波取暖系统、稳定光源模块、异型装饰模块等。

尺寸型号：100mm×300mm、200mm×300mm、300mm×300mm。

产品特点：今顶东方神韵之水墨江南系列将实木用艺术的形式在集成吊顶中呈现，崇尚自然的表现，纯手工打造，进口实木材质，一举将文化、空间、美学合为一体。大量的水墨、文化元素运用于室内空间，水墨的优雅与江南的恬静，将怀旧与创意演绎得淋漓尽致。

适合空间：家居全空间（客厅、餐厅、厨房、书房、走廊、卫生间）。

价格定位：3000元/m^2。

案例2

产品名称：今顶集成顶2012全系新产品。

产品分类：集成吊顶——厨卫吊顶。

产品构成：板材（玉石天成系列、金戈铁马系列、花样年华系列），暖尊1号系列、皓月系列LED，梁辰美景横梁系列、飞黄腾达跃层系列、52边条系列、木镶边条系列及腰线系列。

尺寸型号：328mm×328mm、300mm×485mm、328mm×656mm、66mm×328mm、82mm×485mm。

产品特点：玉石天成系列、金戈铁马系列、花样年华系列板材结合创新研发的底层防氧化处理、"渗融"处理着色、立体印花工艺、有色氧化处理上色、双重氧化固色处理等现代工艺，使色彩更加细腻立体。横梁、跃层、腰线等风格的融入彻底打破了传统吊顶的平面设计，实现了2D向3D空间的延伸。

适合空间：家居全空间（客厅、餐厅、厨房、书房、走廊、卫生间等）。

价格定位：约500～2000元/m^2。

7.12 浙江德莱宝卫厨科技有限公司

参考网址：www. dlb. com. cn

案例1

产品名称：德莱宝风格家居顶。

产品分类：集成吊顶——厨房吊顶。

产品构成：烤漆铝扣板、型材装饰条、错层型材、筒灯、LED照明灯、LED灯带、收边线条、龙骨及配件辅料。

尺寸型号：166. 5mm×666mm、333mm×333mm。

产品特点：现代简约风格厨房顶饰，巧克力主色、简与繁搭配设计把厨房装点得充满浓情蜜意、浪漫温馨，同时做到了简约明亮的厨房基调，使得巧克力深色不过于繁复，错层结构层次分明，立体感强，色彩搭配交错融合；丽洁360抗油烤漆工艺，吊顶板材抗油易清洁。

适用空间：家居餐厅。

价格定位：300～600元/m^2。

案例2

产品名称：德莱宝风格家居顶。

产品分类：集成吊顶——客厅吊顶。

产品构成：膜压铝扣板、造型装饰型材框、错层型材、错层装饰板、筒灯、空调出风口、吊灯、收边线条、龙骨及配件辅料。

尺寸型号：666mm×666mm、333mm×333mm。

产品特点：新古典风格客厅顶饰。吊顶空间采用错层设计，板饰造型纹理充满立体感，点状照明和灯带暗光结合，营造出柔和舒适的家居气氛，空调通风隐藏在错层吊顶上方，与整体吊顶板饰融为一体，丝毫无损吊顶空间的风格意境；全环保模块化装配装饰，避免传统石膏吊顶有害气体释放污染，健康舒适。

适用空间：家居客厅、公共空间顶饰。

价格定位：500～1800元/m^2。

7.13 嘉兴菲林克斯卫厨科技有限公司

参考网址：www. feelinks. com. cn

案例1

产品名称：菲林克斯全房定制吊顶。

产品分类：集成吊顶——餐厅吊顶。

产品构成：3D铝梁、幻彩吊顶模块、筒灯照明模块、射灯照明模块、吊灯及龙骨、配件。

尺寸型号：300mm×300mm、450mm×450mm。

产品特点：菲林克斯采用行业独创、领先的“幻彩深度着色工艺”、“微晶工艺”等高端表面处理工艺打造出精美的幻彩吊顶模块，搭载3D动感铝梁形成国家专利产品：“3D动感吊顶”，其三维立体造型设计、全方位灯光营造系统、绝美的色彩再现等特点，运用定制的手法让每一个家庭享受精致、舒适、健康、时尚、人性化的高品质生活。

适用空间：家居全房定制吊顶空间。

价格定位：300～1800元/m^2。

案例2

产品名称：菲林克斯全房定制吊顶。

产品分类：集成吊顶——卧室吊顶。

产品构成：3D铝梁、幻彩吊顶模块、筒灯照明模块、射灯照明模块、吊灯及龙骨、配件。

7.14 嘉兴宝仕龙集成家居有限公司

参考网址：www. jxbsl. com

案例1

品牌名称：宝仕龙集成吊顶。

产品分类：全景顶。

产品构成：横梁模块、全景顶模块、LED照明模块、太空梁、吊灯及龙骨、配件。

尺寸型号：316mm×316mm。

产品特点：表面采用进口的镜面亚克力板材，使其表面反射率高金属质感更强；抗静电、不易吸尘容易清洗；表面氧化层永不脱落。色泽均匀，不褪色。

适用空间：全领域地美化装饰居室的屋顶。

价格定位：136～2800元/m^2。

案例2

品牌名称：宝仕龙集成吊顶。

产品分类：全景顶。

产品构成：跃式模块、全景顶模块、LED照明模块、吊灯及龙骨、配件。

7.15 上海龙胜实业有限公司

参考网址：www. ls-elc. cn

案 例 1

产品名称：名族全健康吊顶　牡丹米白系列。

产品分类：集成吊顶。

模块构成：名族专利尺寸花纹300mm×485mm空间黄金比例牡丹米白扣板、节能健康照明

模块、风暖四合一集成浴霸、锦轩照明换气功能模块、远红外防爆取暖泡灯暖模块、龙骨及附件。

产品特点：优质铝镁合金基材，表面进行辊涂工艺处理，凸板成型，立体感十足，优良的耐候性，超强耐摩擦，品质出色，性能稳定。产品300mm×485mm的空间黄金分割比例，完全满足现代狭长型厨卫空间需求，大气时尚的牡丹花纹配以欧式白镶边，华丽而收敛，再配以纯色亚光白扣板辅色，让富贵隐匿其中，贵气而不失雅致。白色与米黄的色调，优雅自然，整体扣板适合于多种中大空间装修风格。

适合空间：厨卫集成空间。

价格定位：400～700元／m^2。

7.16 上海富佰得建材有限公司

参考网址：www. fubaide. com. cn

案例1

产品名称：上海富佰得集成吊顶。

产品分类：菱智系列。

产品构成：红木世家吊顶模块、3D红梁伊梦铝梁、LED照明模块、LED射灯、收边线、龙骨及配件。

尺寸型号：300mm×480mm+100mm×70mm（梁）。

产品特点：1. 板材具有超强抗油污性能；2. 造型梁与LED射灯的完美结合，使橱柜台面照明效果更佳；3. 仿古型材灯的运用，整体效果更佳。

适用空间：家居吊顶、公共吊顶空间。

价格定位：380～1500元/m^2。

案例2

产品名称：上海富佰得集成吊顶。

产品分类：魔幻空间系列。

产品构成：欧诺拉3D吊顶模块、洛克王国镜面模块、集成水晶灯模块、收边线、龙骨及配件。

尺寸型号：300mm×300mm。

产品特点：整个系列为集成吊顶进军饭厅、客厅、过道、阳台等提供了优秀的方案。设计出了中式与欧式，古典与现代等不同风格的造型和图案，配上水晶灯，彰显出整个空间的豪华。板材表面采用了数码彩绘、深雕刻、丝印等技术处理，使板材和腰线的组合更趋灵活性、多样性，可以适合更广泛的人群使用。

适用空间：家居客厅、饭厅、卧室、公共空间。

价格定位：400～1600元/m^2。

7.17 佛山市泰铝铝业有限公司

参考网址：www. altal. com. cn

光氧化板在家居吊顶的应用

光氧化铝板在家电的应用

光氧化铝板在电器面板的应用

阳极氧化铝板　　　　　　　　　　　　　　光氧化铝板

产品名称：光氧化铝板。

产品定义：纯铝合金薄板电化学复合氧化。

产品尺寸：0. 5＼0. 6mm×1015＼1100mm×C。

性能特性：

1. 良好的易加工性能，解决了传统阳极氧化冲压折弯爆裂的加工限制。

2. 易清洗，清洗污渍便捷（家庭日常中性清洗剂即可）。

3. 耐洗涤更强劲，弱酸弱碱清洗剂可重复擦洗。

4. 环保无毒，SGS及CTI等环保认证，为绿色生活护航。

5. 精控65％～80％板面金属光泽反射度，避免强烈的光污染，呵护你的健康视觉。

加工方式：片料冲压成型（最大个性化图案可做400mm×600mm）。

家居领域：

1. 吊顶装饰板材。

2. 家居开关面板。

3. 日用厨卫家电装饰面板。

4. IT电子产品表观部件。